AF555580

PETIT

DICTIONNAIRE

CLASSIQUE

D'HISTOIRE NATURELLE.

II.

PARIS.—IMPRIMERIE DE FAIN, RUE RACINE, N°. 4,
PLACE DE L'ODÉON.

PETIT

DICTIONNAIRE Classique D'HISTOIRE NATURELLE, ou MORCEAUX CHOISIS

sur nos Connaissances acquises dans les trois Règnes de la Nature

PAR BERNARDIN DE St PIERRE, BUFFON, CHATEAUBRIAND, DELILLE, ÉLIEN, LACÉPÈDE, LINNÉ, PLINE, RACINE FILS, ROUCHER, St LAMBERT, &c. &c.

Mis en ordre Par une Société de Naturalistes (et de Gens de Lettres)

Avec trente Planches Gravées à l'Anglaise.

Tome Second.

P. 193

Paris
à la Librairie Universelle
DE P. MONGIE AINÉ,
Boulevard des Italiens, N°10.
1827.

BIBLIOTHÈQUE ROYALE

PETIT
DICTIONNAIRE
D'HISTOIRE NATURELLE.

INSECTES.

Retournons sur la terre, où, jusque dans la fange,
L'insecte nous appelle, et, certain de son prix,
Ose nous demander raison de nos mépris.
Plus l'auteur s'est caché, plus il est admirable.
De secrètes beautés quel amas innombrable!
Quoiqu'un fier éléphant, malgré l'énorme tour
Qui de son vaste dos me cache le contour,
S'avance sans ployer sous ce bois qu'il méprise,
Je ne t'admire pas avec moins de surprise,
Toi qui vis dans la boue, et traînes ta prison,
Toi que souvent ma haine écrase avec raison;
Toi-même, insecte impur, quand tu me développes
Les étonnans ressorts de tes longs télescopes,
Oui, toi, lorsqu'à mes yeux tu présentes les tiens,
Qu'élèvent par degrés leurs mobiles soutiens;
C'est dans un faible objet, imperceptible ouvrage,
Que l'art de l'ouvrier me frappe davantage.
Dans un champ de blés mûrs, tout un peuple prudent

Rassemble pour l'état un trésor abondant :
Fatigués du butin qu'ils traînent avec peine,
De faibles voyageurs arrivent sans haleine
A leurs greniers publics, immenses souterrains,
Où par eux en monceaux sont élevés ces grains
Dont le père commun de tous tant que nous sommes
Nourrit également les fourmis et les hommes.
Et tous, nourris par lui, nous passons sans retour,
Tandis qu'une chenille est rappelée au jour.
  De l'empire de l'air cet habitant volage,
Qui porte à tant de fleurs son inconstant hommage,
Et leur ravit un suc qui n'était pas pour lui,
Chez ses frères rampans, qu'il méprise aujourd'hui,
Sur la terre autrefois traînant sa vie obscure,
Semblait vouloir cacher sa honteuse figure.
Mais les temps sont changés, sa mort fut un sommeil;
On le vit plein de gloire à son brillant réveil,
Laissant dans le tombeau sa dépouille grossière,
Par un sublime essor voler vers la lumière.
  O ver, à qui je dois mes nobles vêtemens,
De tes travaux si courts que les fruits sont charmans!
N'est-ce donc que pour moi que tu reçois la vie?
Ton ouvrage achevé, ta carrière est finie:
Tu laisses de ton art des héritiers nombreux,
Qui ne verront jamais leur père malheureux.
Je te plains, et j'ai dû parler de tes merveilles;
Mais ce n'est qu'à Virgile à chanter les abeilles.

Racine fils.

MÊME SUJET.

Jetons les yeux sur ce que la nature a créé de plus faible, sur ces atomes animés, pour lesquels une fleur est un monde, et une goutte d'eau un océan. Les plus brillans tableaux vont nous frapper d'admiration. L'or, le saphir, le rubis, ont été prodigués à des insectes invisibles. Les uns marchent le front orné de panaches, sonnent la trompette, et semblent armés pour la guerre; d'autres portent des turbans enrichis de pierreries, leurs robes sont étincelantes d'azur et de pourpre. Ils ont de longues lunettes, comme pour découvrir leurs ennemis, et des boucliers pour s'en défendre. Il en est qui exhalent le parfum des fleurs, et sont créés pour le plaisir. On les voit avec des ailes de gaze, des casques d'argent, des épieux noirs comme le fer, effleurer les ondes, voltiger dans les prairies, s'élancer dans les airs. Ici on exerce tous les arts, toutes les industries; c'est un petit monde qui a ses tisserands, ses maçons, ses architectes. On y reconnaît les lois de l'équilibre, et les formes savantes de la géométrie. Je vois parmi eux des voyageurs qui vont à la découverte, des pilotes qui, sans voile et sans boussole, voguent sur une goutte d'eau à la conquête d'un Nouveau-Monde. Quel est le sage qui les éclaire, le savant qui les instruit, le héros qui les guide et les asservit? Quel est le Lycurgue qui a dicté des lois si parfaites? Quel est l'Orphée qui leur enseigna les règles de l'harmonie? Ont-ils des conquérans qui les égorgent, et qu'ils couvrent de gloire? Se croient-ils les maîtres de l'univers, parce qu'ils rampent sur sa surface? Contemplons ces petits ménages, ces royaumes, ces républiques, ces hordes semblables à celles des Arabes : une mite va occuper cette pensée qui calcule la grandeur des astres, émouvoir ce cœur que rien ne peut remplir, étonner cette admiration accoutumée aux prodiges. Voici un insecte impur qui s'enveloppe d'un tissu de soie, et se repose sous une tente; celui-ci s'empare d'une bulle d'air, s'enfonce au fond des eaux, et se promène dans son palais aérien. Il en est un autre qui se forme, avec un coquillage, une grotte flottante, qu'il couronne d'une tige de verdure. Une araignée tend sous le feuillage des filets d'or, de pourpre et d'azur, dont les reflets sont semblables à ceux de l'arc-en-ciel [1]. Mais quelle flamme brillante se répand tout à coup au milieu de cette multitude d'atomes animés? Ces richesses sont effacées par de nouvelles richesses. Voici des insectes à qui l'aurore semble avoir prodigué ses rayons les plus doux. Ce sont des flambeaux vivans qu'elle répand dans les prairies; voyez cette mouche qui luit d'une clarté semblable à celle de la lune, elle porte avec elle le phare qui doit la guider. Tandis qu'elle s'élance dans les airs, un ver rampe au-dessous d'elle; vous croyez qu'il va disparaître dans l'ombre; tout à coup il se revêt de lumière comme un habitant du ciel; il s'avance comme le fils des astres : tout s'illumine, et ces reflets éclatans, ces flammes célestes qui rayonnent autour de lui, éclairent les doux combats, les extases et les ravissemens de l'amour. *Aimé-Martin.*

[1] L'araignée du Mexique, nommée *atocalt.*

LE MONDE D'INSECTES SUR UN FRAISIER.

Un jour d'été, pendant que je travaillais à mettre en ordre quelques observations sur les harmonies de ce globe, j'aperçus sur un fraisier qui était venu par hasard sur ma fenêtre, de petites mouches si jolies, que l'envie me prit de les décrire. Le lendemain j'y en vis d'une autre sorte, que je décrivis encore. J'en observai, pendant trois semaines, trente-sept espèces différentes; mais il en vint à la fin un si grand nombre, et d'une si grande variété, que je laissai là cette étude, quoique très-amusante, parce que je manquais de loisir, ou pour dire la vérité, d'expressions.

Les mouches que j'avais observées étaient toutes distinguées les unes des autres par leurs couleurs, leurs formes et leurs allures. Il y en avait de dorées, d'argentées, de bronzées, de tigrées, de rayées, de bleues, de vertes, de rembrunies, de chatoyantes. Les unes avaient la tête arrondie comme un turban; d'autres, allongée en pointe de clou. A quelques-unes, elle paraissait obscure comme un point de velours noir; elle étincelait à d'autres comme un rubis. Il n'y avait pas moins de variété dans leurs ailes : quelques-unes en avaient de longues et de brillantes, comme des lames de nacre; d'autres, de courtes et de larges, qui ressemblaient à des réseaux de la plus fine gaze. Chacune avait sa manière de les porter et de s'en servir. Les unes les portaient perpendiculairement, les autres horizontalement, et semblaient prendre plaisir à les étendre. Celles-ci volaient en tourbillonnant à la manière des papillons; celles-là s'élevaient en l'air, en se dirigeant contre le vent, par un mécanisme à peu près semblable à celui des cerfs-volans de papier qui s'élèvent en formant avec l'axe du vent, un angle, je crois, de vingt-deux degrés et demi. Les unes abordaient sur cette plante pour y déposer leurs œufs; d'autres simplement pour s'y mettre à l'abri du soleil; mais la plupart y venaient pour des raisons qui m'étaient tout-à-fait inconnues; car les unes allaient et venaient dans un mouvement perpétuel, tandis que d'autres ne remuaient que la partie postérieure de leur corps. Il y en avait beaucoup qui étaient immobiles, et qui étaient peut-être occupées, comme moi, à observer. Je dédaignai comme suffisamment connues, toutes les tribus des autres insectes qui étaient attirées sur mon fraisier, telles que les limaçons qui se nichaient sous ses feuilles, les papillons qui voltigeaient autour, les scarabées qui en labouraient les racines, les petits vers qui trouvaient le moyen de vivre dans le parenchyme, c'est-à-dire dans la seule épaisseur d'une feuille : les guêpes et les mouches à miel qui bourdonnaient autour de ses fleurs, les pucerons qui en suçaient les tiges, les fourmis qui léchaient les pucerons; enfin, les araignées qui, pour attraper ces différentes proies, tendaient leurs filets dans le voisinage.

Quelque petits que fussent ces objets, ils étaient dignes de mon attention, puisqu'ils avaient mérité celle de la nature. Je n'eusse pu leur refuser une place dans son histoire générale, lorsqu'elle leur en avait donné une dans l'univers. A plus forte raison, si j'eusse écrit l'histoire de mon fraisier, il eût fallu en tenir compte. Les plantes sont les habitations des insectes, et on ne fait point l'histoire d'une ville sans parler de ses habitans. D'ailleurs, mon fraisier n'était point dans son lieu naturel, en pleine campagne, sur la lisière d'un bois, ou sur le bord d'un ruisseau, où il eût été fréquenté par bien d'autres espèces d'animaux. Il était dans un pot de terre, au milieu des fumées de Paris. Je ne l'observais qu'à des momens perdus; je ne connaissais point les insectes qui le visitaient dans le cours de la journée, encore moins ceux qui n'y venaient que la nuit, attirés par de simples émanations, ou peut-être par des lumières phosphoriques qui nous échappent. J'ignorais quels étaient ceux qui le fréquentaient pendant les autres saisons de l'année, et le reste de ses relations avec les reptiles, les amphibies, les poissons, les oiseaux, les quadrupèdes et les hommes surtout, qui comptent pour rien tout ce qui n'est pas à leur usage.

Mais il ne suffisait pas de l'observer, pour ainsi dire, du haut de ma grandeur; car dans ce cas ma science n'eût pas égalé celle d'une des mouches qui l'habitaient. Il n'y en avait pas une seule qui, le considérant avec ses petits yeux sphériques, n'y dût distinguer une infinité d'objets que je ne pouvais apercevoir qu'au miscroscope avec des recherches infinies. Leurs yeux même sont très-supérieurs à cet instrument qui ne nous montre que les objets qui sont à son foyer, c'est-à-dire à quelques lignes de distance; tandis qu'ils aperçoivent, par un mécanisme qui est tout-à-fait inconnu, ceux qui sont auprès d'eux et au loin. Ce sont à la fois des microscopes et des télescopes. De plus, par leur disposition circulaire autour de la tête, ils voient en même temps toute la voûte du ciel, dont ceux d'un astronome n'embrassent tout au plus que la moitié. Ainsi mes mouches devaient voir d'un coup d'œil dans mon fraisier, une distribution et un ensemble de parties que je ne pouvais observer au microscope que séparées les unes des autres, et successivement.

En examinant les feuilles de ce végétal, au moyen d'une lentille de verre qui grossissait médiocrement, je les ai trouvées divisées par compartimens hérissés de poils, séparés par des canaux et parsemés de glandes. Ces compartimens m'ont paru semblables à de grands tapis de verdure, leurs poils à des végétaux d'un ordre particulier, parmi lesquels il y en avait de droits, d'inclinés, de fourchus, de creusés en tuyaux, de l'extrémité desquels sortaient des gouttes de liqueur, et leurs canaux, ainsi que leurs glandes, me paraissaient remplis d'un fluide brillant. Sur d'autres espèces de plantes, ces poils et ces canaux se présentent avec des formes, des couleurs et des fluides différens. Il y a même des glandes qui ressemblent à des bassins ronds, carrés ou rayonnans. Or, la nature n'a rien fait en vain. Quand elle dispose un lieu propre à être habité, elle y met des animaux. Elle n'est pas bornée par la petitesse de l'espace. Elle en a mis avec des nageoires dans de simples gouttes d'eau, et en si grand nombre, que le physicien Lewenhoek y en a compté des milliers. On peut donc croire, par analogie, qu'il y a des animaux qui paissent sur les feuilles des plantes, comme les bestiaux dans nos prairies, et qui boivent dans leurs glandes, façonnées en soleil, des liqueurs d'or et d'argent. Chaque partie des fleurs doit leur offrir des spectacles dont nous n'avons point d'idées. Les anthères jaunes des fleurs, suspendus sur des filets blancs, leur présentent de doubles solives d'or en équilibre sur des colonnes plus belles que l'ivoire; les corolles, des voûtes de rubis et de topaze, d'une grandeur incommensurable; les nectaires, des fleuves de sucre; les autres parties de la floraison, des coupes, des urnes, des pavillons, des dômes que l'architecture et l'orfévrerie des hommes n'ont pas encore imités.

Je ne dis point ceci par conjecture; car un jour, ayant examiné au microscope des fleurs de thym, j'y distinguai, avec la plus grande surprise, de superbes amphores à long cou, d'une matière semblable à l'améthiste, du goulot desquelles semblaient sortir des lingots d'or fondu. Je n'ai jamais observé la simple corolle de la plus petite fleur, que je ne l'aie vue composée d'une manière admirable, demi-transparente, parsemée de brillans, et teinte des plus vives couleurs. Les êtres qui vivent sous leurs riches reflets doivent avoir d'autres idées que nous de la lumière et des autres phénomènes de la nature. Une goutte de rosée qui filtre dans les tuyaux capillaires et diaphanes d'une plante leur présente des milliers de jets d'eau; fixée en boule à l'extrémité d'un de ses poils, un océan sans rivage; évaporée dans l'air, une mer aérienne. Ils doivent donc voir les fluides monter au lieu de descendre; se mettre en rond, au lieu de se mettre de niveau; s'élever en l'air, au lieu de tomber. Leur ignorance doit être aussi merveilleuse que leur science. Comme ils ne connaissent à fond que l'harmonie des plus petits objets, celle des grands doit leur échapper. Ils ignorent, sans doute, qu'il y a des hommes, et parmi les hommes des savans qui connaissent tout, qui expliquent tout, qui, passagers comme eux, s'élancent dans un infini en grand où ils ne peuvent atteindre, tandis qu'eux, à la faveur de leur petitesse, en connaissent un autre dans les dernières divisions de la matière et du temps. Parmi ces êtres éphémères, se doivent voir des jeunesses d'un matin, et des décrépitudes d'un jour. S'ils ont des histoires, ils ont des mois, des années, des siècles, des époques proportionnées à la durée d'une fleur. Ils ont une autre chronologie que la nôtre, comme ils ont une autre hydraulique et une autre optique. Ainsi, à mesure que l'homme s'approche des élémens de la nature, les principes de sa science s'évanouissent.

Bernardin de Saint-Pierre.

DISCOURS

DE L'UN DES INSECTES ÉPHÉMÈRES DE L'HYPANIS, AU MOMENT D'EXPIRER.

Aristote dit qu'il y a sur la rivière Hypanis de petites bêtes qui ne vivent qu'un jour. Celle qui meurt à huit heures du matin, meurt en sa jeunesse; celle qui meurt à cinq heures du soir, meurt en sa décrépitude.

Supposons qu'un des plus robustes de ces Hypaniens fût, selon ces nations, aussi ancien que le temps même, il aura commencé à exister à la pointe du jour, et, par la force extraordinaire de son tempérament, il aura été en état de soutenir une vie active pendant le nombre infini de secondes de dix ou douze heures. Durant une si longue suite d'instans, par l'expérience et par ses réflexions sur tout ce qu'il a vu, il doit avoir acquis une haute sagesse ; il voit ses semblables qui sont morts sur le midi, comme des créatures heureusement délivrées du grand nombre d'incommodités auxquelles la vieillesse est sujette. Il peut avoir à raconter à ses petits-fils une tradition étonnante de faits antérieurs à tous les mémoires de la nation. Le jeune essaim, composé d'êtres qui peuvent avoir déjà vécu une heure, approche avec respect de ce vénérable vieillard, et écoute avec admiration ses discours instructifs. Chaque chose qu'il leur racontera, paraîtra un prodige à cette génération dont la vie est si courte. L'espace d'une journée leur paraîtra la durée entière des temps, et le crépuscule du jour sera appelé dans leur chronologie la grande ère de leur création.

Supposons maintenant que ce vénérable insecte, ce Nestor de l'Hypanis, un peu avant sa mort, et environ vers l'heure du coucher du soleil, rassemble tous ses descendans, ses amis et ses connaissances, pour leur faire part en mourant de ses derniers avis. Ils se rendent de toutes parts sous le vaste abri d'un champignon ; et le sage moribond s'adresse à eux de la manière suivante :

« Amis et compatriotes, je sens que la plus longue vie doit avoir une fin. Le terme de la mienne est arrivé ; et je ne regrette pas mon sort, puisque mon grand âge m'était devenu un fardeau, et que pour moi il n'y a plus rien de nouveau sous le soleil. Les révolutions et les calamités qui ont désolé mon pays, le grand nombre d'accidens particuliers auxquels nous sommes tous sujets, les infirmités qui affligent notre espèce, et les malheurs qui me sont arrivés dans ma propre famille, tout ce que j'ai vu dans le cours d'une longue vie ne m'a que trop appris cette grande vérité, qu'aucun bonheur placé dans les choses qui ne dépendent pas de nous, ne peut être assuré, ni durable. Une génération entière a péri par un vent-aigu ; une multitude de notre jeunesse imprudente a été balayée dans les eaux par un vent frais et inattendu. Quels terribles déluges ne nous a pas causés une pluie soudaine ! Nos abris même les plus solides ne sont pas à l'épreuve d'un orage de grêle. Un nuage sombre fait trembler tous les cœurs les plus courageux.

» J'ai vécu dans les premiers âges, et conversé avec des insectes d'une plus haute taille, d'une constitution plus forte, et je puis dire encore d'une plus grande sagesse qu'aucun de ceux de la génération présente. Je vous conjure d'ajouter foi à mes dernières paroles, quand je vous assure que le soleil qui nous paraît maintenant au delà de l'eau, et qui semble n'être pas éloigné de la terre, je l'ai vu autrefois fixé au milieu du ciel, et lancer ses rayons directement sur nous. La terre était beaucoup plus éclairée dans les âges reculés, l'air beaucoup plus chaud, et nos ancêtres plus sobres et plus vertueux.

» Quoique mes sens soient affaiblis, ma mémoire ne l'est pas ; je puis vous assurer que cet astre glorieux a du mouvement. J'ai vu son premier lever sur le sommet de cette montagne, et je commençai ma vie vers le temps où il commença son immense carrière. Il a, pendant plusieurs siècles, avancé dans le ciel avec une chaleur prodigieuse, et un éclat dont vous ne pouvez avoir aucune idée, et que sûrement vous n'auriez pu supporter; mais maintenant, par son déclin, et une diminution sensible dans sa vigueur, je prévois que toute la nature doit finir en peu de temps, et que ce monde va être enseveli dans les ténèbres en moins d'une centaine de minutes.

» Hélas! mes amis, combien ne me suis-je pas autrefois flatté de l'espérance trompeuse d'habiter toujours cette terre! quelle magnificence dans les cellules que je me suis moi-même creusées! quelle confiance n'avais-je pas mise dans la fermeté de mes membres et les ressorts de leurs jointures, et dans la force de mes ailes! Mais j'ai assez vécu pour la nature et pour la gloire; et aucun de ceux que je laisse après moi n'aura la même satisfaction en ce siècle de ténèbres et de décadence que je vois commencer. » *Anonyme.*

KAMICHI.

Ce n'est point en se promenant dans nos campagnes cultivées, ni même en parcourant toutes les terres du domaine de l'homme, que l'on peut connaître les grands effets des variétés de la nature . c'est en se transportant des sables brûlans de la torride aux glacières des pôles, c'est en descendant du sommet des montagnes au fond des mers, c'est en comparant les déserts avec les déserts, que nous la jugerons mieux et l'admirerons davantage. En effet, sous le point de vue de ses sublimes contrastes et de ses majestueuses oppositions, elle paraît plus grande en se montrant telle qu'elle est. Nous avons ci-devant peint les déserts arides de l'Arabie pétrée, ces solitudes nues où l'homme n'a jamais respiré sous l'ombrage, où la terre sans verdure n'offre aucune subsistance aux animaux, aux oiseaux, aux insectes, où tout paraît mort, parce que rien ne peut naître, et que l'élément nécessaire au développement des germes de tout être vivant ou végétant, loin d'arroser la terre par des ruisseaux d'eau vive, ou de la pénétrer par des pluies fécondes, ne peut même l'humecter d'une simple rosée. Opposons ce tableau de sécheresse absolue dans une terre trop ancienne, à celui des vastes plaines de fange des savanes noyées du nouveau continent, nous y verrons par excès ce que l'autre n'offrait que par défaut : des fleuves d'une largeur immense, tels que l'Amazone, la Plata, l'Orénoque, roulant à grands flots leurs vagues écumantes, et se débordant en toute liberté, semblent menacer la terre d'un envahissement, et faire effort pour l'occuper tout entière. Des eaux stagnantes et répandues près et loin de leur cours couvrent le limon vaseux qu'elles ont déposé ; et ces vastes marécages, exhalant leurs vapeurs en brouillards fétides, communiqueraient à l'air l'infection de la terre, si bientôt elles ne retombaient en pluies précipitées par les orages, ou dispersées par les vents ; et ces plages, alternativement sèches et noyées, où la terre et l'eau semblent se disputer des possessions illimitées, et ces broussailles de mangles jetées sur les confins indécis de ces deux élémens, ne sont peuplées que d'animaux immondes, qui pullulent dans ces repaires, cloaques de la nature, où tout retrace l'image des déjections monstrueuses de l'antique limon. Des serpens énormes tracent de larges sillons sur cette terre bourbeuse ; les crocodiles, les crapauds, les lézards, et mille autres reptiles à larges pates, en pétrissent la fange; des millions d'insectes, enflés par la chaleur humide, en soulèvent la vase; et tout ce peuple impur rampant sur le limon ou bourdonnant dans l'air qu'il obscurcit encore, toute cette vermine dont fourmille la terre, attire de nombreuses cohortes d'oiseaux ravisseurs dont les cris confus, multipliés, et mêlés aux coassemens des reptiles, en troublant le silence de ces affreux déserts, semblent ajouter la crainte à l'horreur pour en écarter l'homme et en interdire l'entrée aux autres êtres sensibles.

Au milieu de ces sons discordans d'oiseaux criards et de reptiles coassans, s'élève par intervalles une grande voix qui leur en impose à tous, et dont les eaux retentissent au loin : c'est la voix du kamichi, grand oiseau noir très-remarquable par la force de son cri et par celle de ses armes; il porte sur chaque aile deux puissans éperons, et sur la tête une corne pointue de trois ou quatre pouces de longueur sur deux ou trois lignes de diamètre à sa base; cette corne implantée sur le haut du front s'élève droit, et finit en une pointe aiguë un peu courbée en avant, et vers sa base elle est revêtue d'un fourreau semblable au tuyau d'une plume....

Avec cet appareil d'armes très-offensives, et qui le rendraient formidable au combat, le kamichi n'attaque point les autres oiseaux, et ne fait la guerre qu'aux reptiles : il a même les mœurs douces et le naturel profondément sensible, car le mâle et la femelle se tiennent toujours ensemble ; fidèles jusqu'à la mort, l'amour qui les unit semble survivre à la perte que l'un ou l'autre fait de sa moitié; celui qui reste erre sans cesse en gémissant, et se consume près des lieux où il a perdu ce qu'il aime. *Buffon.*

LAMA.

Le Pérou est le pays natal, la vraie patrie des lamas : on les conduit à la vérité dans d'autres provinces, comme à la Nouvelle-Espagne, mais c'est plutôt pour la curiosité que pour l'utilité; au lieu que dans toute l'étendue du Pérou, depuis Potosi jusqu'à Caracas, ces animaux sont en très-grand nombre : ils sont aussi de la plus grande nécessité; ils font seuls toute la richesse des Indiens, et contribuent beaucoup à celle des Espagnols. Leur chair est bonne à manger, leur poil est une laine fine d'un excellent usage, et pendant toute leur vie ils servent constamment à transporter toutes les denrées du pays; leur charge ordinaire est de cent cinquante livres, et les plus forts en portent jusqu'à deux cent cinquante; ils font des voyages assez longs dans des pays impraticables pour tous les autres animaux; ils marchent assez lentement, et ne font que quatre ou cinq lieues par jour; leur démarche est grave et ferme, leur pas assuré; ils descendent des ravines précipitées, et surmontent des rochers escarpés où les hommes même ne peuvent les accompagner; ordinairement ils marchent quatre ou cinq jours de suite, après quoi ils veulent du repos, et prennent d'eux-mêmes un séjour de vingt-quatre ou trente heures avant de se remettre en marche. On les occupe beaucoup au transport des riches matières que l'on tire des mines du Potosi : Bolivar dit que de son temps on employait à ce travail trois cent mille de ces animaux.

Leur accroissement est assez prompt, et leur vie n'est pas bien longue; ils sont en pleine vigueur depuis trois ans jusqu'à douze, et ils commencent ensuite à dépérir, en sorte qu'à quinze ils sont entièrement usés : leur naturel paraît être modelé sur celui des Américains; ils sont doux et flegmatiques, et font tout avec poids et mesure : lorsqu'ils voyagent et qu'ils veulent s'arrêter pour quelques instans, ils plient les genoux avec la plus grande précaution, et baissent le corps en proportion, afin d'empêcher leur charge de tomber ou de se déranger; et, dès qu'ils entendent le coup de sifflet de leur conducteur, ils se relèvent avec les mêmes précautions et se remettent en marche : ils broutent chemin faisant, et partout où ils trouvent de l'herbe; mais jamais ils ne mangent la nuit, quand même ils auraient jeûné pendant le jour; ils emploient ce temps à ruminer : ils dorment appuyés sur la poitrine, les pieds repliés sous le ventre, et ruminent aussi dans cette situation. Lorqu'on les excède de travail et qu'ils succombent une fois sous le faix, il n'y a nul moyen de les faire relever, on les frappe inutilement....; ils s'obstinent à demeurer au lieu même où ils sont tombés, et si l'on continue de les maltraiter, ils se désespèrent et se tuent, en battant la terre à droite et à gauche avec leur tête. Ils ne se défendent ni des pieds ni des dents, et n'ont pour ainsi dire d'autres armes que celles de l'indignation; ils crachent à la face de ceux qui les insultent, et l'on prétend que cette salive qu'ils lancent dans la colère est âcre et mordicante, au point de faire lever des ampoules sur la peau.

Ces animaux si utiles, et même si nécessaires dans le pays qu'ils habitent, ne coûtent ni entretien ni nourriture; comme ils ont le pied fourchu, il n'est pas nécessaire de les ferrer; la laine épaisse dont ils sont couverts dispense de les bâter; ils n'ont besoin ni de grain, ni d'avoine, ni de foin; l'herbe verte qu'ils broutent eux-mêmes leur suffit, et ils n'en prennent qu'en petite quantité : ils sont encore plus sobres sur la boisson; ils s'abreuvent de leur salive, qui, dans cet animal, est plus abondante que dans aucun autre.

Les pacos ou vigognes sont aux lamas une espèce succursale, à peu près comme l'âne l'est au cheval; ils sont plus petits et moins propres au service, mais plus utiles par leurs dépouilles; la longue et fine laine dont ils sont couverts est une marchandise de luxe aussi chère, aussi précieuse que la soie : on en fait de très-beaux gants, de très bons bas, d'excellentes couvertures, et des tapis d'un très-grand prix. *Buffon.*

LÉAZRD GRIS.

Ce joli petit animal, si commun dans le pays où nous écrivons, et avec lequel tant de personnes ont joué dans leur enfance, n'a pas reçu de la nature un vêtement aussi éclatant que plusieurs autres quadrupèdes ovipares; mais elle lui a donné une parure élégante : sa petite taille est svelte, son mouvement agile, sa course si prompte, qu'il échappe à l'œil aussi rapidement que l'oiseau qui vole. Il aime à recevoir la chaleur du soleil; ayant besoin d'une température douce, il cherche les abris; et lorsque, dans un beau jour de printemps, une lumière pure éclaire vivement un gazon en pente, ou une muraille qui augmente la chaleur en la réfléchissant, on le voit s'étendre sur ce mur, ou sur l'herbe nouvelle, avec une espèce de volupté. Il se pénètre avec délices de cette chaleur bienfaisante, il marque son plaisir par de molles ondulations de sa queue déliée; il fait briller ses yeux vifs et animés, il se précipite comme un trait pour saisir une

2.

petite proie, ou pour trouver un abri plus commode. Bien loin de s'enfuir à l'approche de l'homme, il paraît le regarder avec complaisance; mais au moindre bruit qui l'effraie, à la chute seule d'une feuille, il se roule, tombe, et demeure pendant quelques instans comme étourdi par sa chute; ou bien, il s'élance, disparaît, se trouble, revient, se cache de nouveau, reparaît encore, et décrit en un instant plusieurs circuits tortueux que l'œil a de la peine à suivre, se replie plusieurs fois sur lui-même, et se retire enfin dans quelque asile, jusqu'à ce que sa crainte soit dissipée. *Lacépède.*

LION.

Dans l'espèce humaine, l'influence du climat ne se marque que par des variétés assez légères, parce que cette espèce est une, et qu'elle est très-distinctement séparée de toutes les autres espèces; l'homme, blanc en Europe, noir en Afrique, jaune en Asie, et rouge en Amérique, n'est que le même homme teint de la couleur du climat : comme il est

T. II. P. 29.

Lion.

fait pour régner sur la terre, que le globe entier est son domaine, il semble que sa nature se soit prêtée à toutes les situations; sous les feux du midi, dans les glaces du nord, il vit, il multiplie, il se trouve partout si anciennement répandu, qu'il ne paraît affecter aucun climat particulier. Dans les animaux, au contraire, l'influence du climat est plus forte et se marque par des caractères plus sensibles, parce que les espèces sont diverses, et que leur nature est infiniment moins perfectionnée, moins étendue que celle de l'homme. Non-seulement les variétés dans chaque espèce sont plus nombreuses et plus marquées que dans l'espèce humaine, mais les différences mêmes des espèces semblent dépendre des différens climats; les unes ne peuvent se propager que dans les pays chauds, les autres ne peuvent subsister que dans des climats froids; le lion n'a jamais habité les régions du nord, le renne ne s'est jamais trouvé dans les contrées du midi; il n'y a peut-être aucun animal dont l'espèce soit, comme celle de l'homme, généralement répandue sur toute la surface de la terre; chacun à son pays, sa patrie naturelle, dans laquelle chacun est retenu par nécessité physique; chacun est fils de la terre qu'il habite, et c'est dans ce sens qu'on doit dire que tel ou tel animal est originaire de tel ou tel climat.

Dans les pays chauds les animaux terrestres sont plus grands et plus forts que dans les pays froids ou tempérés; ils sont aussi plus hardis, plus féroces; toutes leurs qualités naturelles semblent tenir de l'ardeur du climat. Le lion, né sous le soleil brûlant de l'Afrique ou des Indes, est le plus fort, le plus fier, le plus terrible de tous : nos loups, nos autres animaux carnassiers, loin d'être ses rivaux, seraient à peine dignes d'être ses pourvoyeurs. Les lions d'Amérique, s'ils méritent ce nom, sont, comme le climat, infiniment plus doux que ceux de l'Afrique; et ce qui prouve évidemment que l'excès de leur férocité vient de l'excès de la chaleur, c'est que dans le même pays ceux qui habitent les hautes montagnes où l'air est plus tempéré, sont d'un naturel différent de ceux qui demeurent dans les plaines, où la chaleur est extrême. Les lions du mont Atlas, dont la cime est quelquefois couverte de neige, n'ont ni la hardiesse, ni la force, ni la férocité des lions du Biledulgerid ou du Zaara, dont les plaines sont couvertes de sables brûlans. C'est surtout dans ces déserts ardens que se trouvent ces lions terribles qui sont l'effroi des voyageurs et le fléau des provinces voisines; heureusement l'espèce n'en est pas très-nombreuse; il paraît même qu'elle diminue tous les jours; car, de l'aveu de ceux qui ont parcouru cette partie de l'Afrique, il ne s'y trouve pas actuellement autant de lions, à beaucoup près, qu'il y en avait autrefois. Les Romains, dit M. Shaw, tiraient de la Libye, pour l'usage des spectacles, cinquante fois plus de lions qu'on ne pourrait y en trouver aujourd'hui. On a remarqué de même qu'en Turquie, en Perse, et dans l'Inde, les lions sont maintenant beaucoup moins communs qu'ils ne l'étaient anciennement; et comme ce puissant et courageux animal fait sa proie de tous les autres animaux, et n'est lui-même la proie d'aucun, on ne peut attribuer la diminution de quantité dans son espèce qu'à l'augmentation du nombre dans celle de l'homme; car il faut avouer que la force de ce roi des animaux ne tient pas contre l'adresse d'un Hottentot ou d'un nègre, qui souvent osent l'attaquer tête à tête avec des armes assez légères. Le lion n'ayant d'autres ennemis que l'homme, et son espèce se trouvant aujourd'hui réduite à la cinquantième, ou, si l'on veut, à la dixième partie de ce qu'elle était autrefois, il en résulte que l'espèce humaine, au lieu d'avoir souffert une diminution considérable depuis le temps des Romains (comme bien des gens le prétendent), s'est au contraire augmentée, étendue, et plus nombreusement répandue, même dans les contrées, comme la Libye, où la puissance de l'homme paraît avoir été plus grande dans ce temps, qui était à peu près le siècle de Carthage, qu'elle ne l'est dans le siècle présent de Tunis et d'Alger.

L'industrie de l'homme augmente avec le nombre; celle des animaux reste toujours la même : toutes les espèces nuisibles, comme celle du lion, paraissent être reléguées et réduites à un petit nombre, non-seulement parce que l'homme est partout devenu plus nombreux, mais aussi parce qu'il est devenu plus habile, et qu'il a su fabriquer des armes terribles auxquelles rien ne peut résister; heureux s'il n'eût jamais combiné le fer et le feu que pour la destruction des lions ou des tigres!

Cette supériorité de nombre et d'industrie dans l'homme, qui brise la force du lion, en énerve aussi le courage : cette qualité, quoique naturelle, s'exhale ou se tempère dans l'animal suivant l'usage heureux ou malheureux qu'il a fait de sa force. Dans les vastes déserts du Zaara, dans ceux qui semblent séparer deux races d'hommes très-différentes, les nègres et les Maures, entre le Sénégal et les extrémités de la Mauritanie, dans les terres inhabitées qui sont au-dessus du pays des Hottentots, et en général dans toutes les parties méridionales de l'Afrique et de l'Asie, où l'homme a dédaigné d'habiter, les lions sont encore en assez grand nombre, et sont tels que la nature les produit : accoutumés à mesurer leurs forces avec tous les animaux qu'ils rencontrent, l'habitude de vaincre les rend intrépides et terribles; ne connaissant pas la puissance de l'homme, ils n'en ont nulle crainte; n'ayant pas éprouvé la force de ses armes, ils semblent les braver; les blessures les irritent, mais sans les effrayer; ils ne sont pas même déconcertés à l'aspect du grand nombre; un seul de ces lions du désert attaque souvent une caravane entière, et lorsque après un combat opiniâtre et violent il se sent affaibli, au lieu de fuir il continue de se battre en retraite, en faisant toujours face et sans jamais tourner le dos. Les lions au contraire qui habitent aux environs des villes et des bourgades de l'Inde et de la Barbarie, ayant connu l'homme et la force de ses armes, ont perdu leur courage au point d'obéir à sa voix menaçante, de n'oser l'attaquer, de ne se jeter que sur le menu bétail, et enfin de s'enfuir en se laissant poursuivre par des femmes ou par des enfans, qui leur font, à coups de bâton, quitter prise et lâcher indignement leur proie.

Ce changement, cet adoucissement dans le naturel du lion, indique assez qu'il est susceptible des impressions qu'on lui donne, et qu'il doit avoir assez de docilité pour s'apprivoiser jusqu'à un certain point, et pour recevoir une espèce d'éducation ; aussi l'histoire nous parle de lions attelés à des chars de triomphe, de lions conduits à la guerre ou menés à la chasse, et qui, fidèles à leur maître, ne déployaient leur force et leur courage que contre ses ennemis. Ce qu'il y a de très-sûr, c'est que le lion, pris jeune et élevé parmi les animaux domestiques, s'accoutume aisément à vivre, et même à jouer innocemment avec eux, qu'il est doux pour ses maîtres, et même caressant, surtout dans le premier âge ; et que si sa férocité naturelle reparaît quelquefois, il la tourne rarement contre ceux qui lui ont fait du bien. Comme ses mouvemens sont très-impétueux et ses appétits fort véhéments, on ne doit pas présumer que les impressions de l'éducation puissent toujours les balancer ; aussi y aurait-il quelque danger à lui laisser souffrir trop long-temps la faim, ou à le contrarier en le tourmentant hors de propos ; non seulement il s'irrite des mauvais traitemens, mais il en garde le souvenir; et paraît en méditer la vengeance , comme il conserve aussi la mémoire et la reconnaissance des bienfaits. Je pourrais citer ici un grand nombre de faits particuliers, dans lesquels j'avoue que j'ai trouvé quelque exagération, mais qui cependant sont assez fondés pour prouver au moins, par leur réunion, que sa colère est noble, son courage magnanime, son naturel sensible. On l'a vu souvent dédaigner de petits ennemis, mépriser leurs insultes, et leur pardonner des libertés offensantes; on l'a vu, réduit en captivité, s'ennuyer sans s'aigrir, prendre au contraire des habitudes douces, obéir à son maître, flatter la main qui le nourrit, donner quelquefois la vie à ceux qu'on avait dévoués à la mort en les lui jetant pour proie, et comme s'il se fût attaché par cet acte généreux, leur continuer ensuite la même protection, vivre tranquillement avec eux, leur faire part de sa subsistance; se la laisser même quelquefois enlever tout entière, et souffrir plutôt la faim que de perdre le fruit de son premier bienfait.

On pourrait dire aussi que le lion n'est pas

cruel, puisqu'il ne l'est que par nécessité, qu'il ne détruit qu'autant qu'il consomme, et que dès qu'il est repu il est en pleine paix, tandis que le tigre, le loup et tant d'autres animaux d'espèce inférieure, tels que le renard, la fouine, le putois, le furet, etc., donnent la mort pour le seul plaisir de la donner, et que dans leurs massacres nombreux, ils semblent plutôt vouloir assouvir leur rage que leur faim.

L'extérieur du lion ne dément point ses grandes qualités intérieures; il a la figure imposante, le regard assuré, la démarche fière, la voix terrible; sa taille n'est point excessive comme celle de l'éléphant, ou du rhinocéros; elle n'est ni lourde comme celle de l'hippopotame ou du bœuf, ni trop ramassée comme celle de l'hyène ou de l'ours, ni trop allongée ni déformée par des inégalités comme celle du chameau; mais elle est au contraire si bien prise et si bien proportionnée, que le corps du lion paraît être le modèle de la force jointe à l'agilité; aussi solide que nerveux, n'étant chargé ni de chair ni de graisse; et ne contenant rien de surabondant, il est tout nerf et muscle. Cette grande force musculaire se marque au dehors par les sauts et les bonds prodigieux que le lion fait aisément, par le mouvement brusque de sa queue, qui est assez fort pour terrasser un homme, par la facilité avec laquelle il fait mouvoir la peau de sa face, et surtout celle de son front, ce qui ajoute beaucoup à sa physionomie, ou plutôt à l'expression de la fureur ; et enfin, par la faculté qu'il a de remuer sa crinière, laquelle non-seulement se hérisse, mais se meut et s'agite en tout sens lorsqu'il est en colère.

Le lion, lorsqu'il a faim, attaque de face tous les animaux qui se présentent ; mais comme il est très-redouté, et que tous cherchent à éviter sa rencontre, il est souvent obligé de se cacher et de les attendre au passage ; il se tapit sur le ventre dans un endroit fourré, d'où il s'élance avec tant de force, qu'il les saisit souvent du premier bond : dans les déserts et les forêts, sa nourriture la plus ordinaire sont les gazelles et les singes, quoiqu'il ne prenne ceux-ci que lorsqu'ils sont à terre, car il ne grimpe pas sur les arbres comme le tigre ou le puma : il mange beaucoup à la fois, et se remplit pour deux ou trois jours; il a les dents si fortes, qu'il brise aisément les os, et il les avale avec la chair.....

Le rugissement du lion est si fort, que quand il se fait entendre, par échos, la nuit dans les déserts, il ressemble au bruit du tonnerre : ce rugissement est sa voix ordinaire; car quand il est en colère, il a un cri, qui est court et réitéré subitement; au lieu que le rugissement est un cri prolongé, une espèce de grondement d'un ton grave, mêlé d'un frémissement plus aigu; il rugit cinq ou six fois par jour, et plus souvent lorsqu'il doit tomber de la pluie. Le cri qu'il fait lorsqu'il est en colère est encore plus terrible que le rugissement : alors il se bat les flancs de sa queue, il en bat la terre, il agite sa crinière, fait mouvoir la peau de sa face, remue ses gros sourcils, montre des dents menaçantes, et tire une langue armée de pointes si dures, qu'elle suffit seule pour écorcher la peau et entamer la chair sans le secours des dents ni des ongles, qui sont après les dents ses armes les plus cruelles. Il est beaucoup plus fort par la tête, les mâchoires et les jambes de devant, que les parties postérieures du corps; il voit la nuit comme les chats; il ne dort pas long-temps et s'éveille aisément; mais c'est mal à propos que l'on a prétendu qu'il dormait les yeux ouverts.

La démarche ordinaire du lion est fière, grave et lente, quoique toujours oblique; sa course ne se fait pas par des mouvemens égaux, mais par sauts et par bonds, et ses mouvemens sont si brusques, qu'il ne peut s'arrêter à l'instant, et qu'il passe presque toujours son but : lorsqu'il saute sur sa proie, il fait un bond de douze ou quinze pieds, tombe dessus, la saisit avec les pates de devant, la déchire avec les ongles, et ensuite la dévore avec les dents. Tant qu'il est jeune et qu'il a de la légèreté, il vit du produit de sa chasse, et quitte rarement ses déserts et ses forêts, où il trouve assez d'animaux sauvages pour subsister aisément; mais lorsqu'il devient vieux, pesant, et moins propre à l'exercice de la chasse, il s'approche des lieux fréquentés, et devient plus dangereux pour l'homme et pour les animaux domestiques ; seulement on a remarqué que, lorsqu'il voit des hommes et des animaux ensemble, c'est toujours sur les animaux qu'il se jette, et jamais sur les hommes, à moins qu'ils ne le frappent; car alors il reconnaît à merveille celui qui vient de l'offenser, et il quitte sa proie pour se venger. On prétend qu'il préfère la chair du chameau à celle de tous les autres animaux; il aime aussi beaucoup celle des jeunes éléphans; ils ne peuvent lui résister lorsque leurs défenses n'ont pas encore poussé, et il en vient aisément à bout, à moins que la mère n'arrive à leur secours. L'éléphant, le rhinocéros, le tigre et l'hippopotame, sont les seuls animaux qui puissent résister au lion.

Quelque terrible que soit cet animal, on ne laisse pas de lui donner la chasse avec des chiens de grande taille et bien appuyés par des hommes à cheval; on le déloge, on le fait retirer; mais il faut que les chiens, et même les chevaux, soient aguerris auparavant, car presque tous les animaux frémissent et s'enfuient à la seule odeur du lion. Sa peau, quoique d'un tissu ferme et serré ; ne résiste point à la balle, ni même au javelot ; néanmoins, on ne le tue presque jamais d'un seul coup : on le prend souvent par adresse, comme nous prenons les loups, en le faisant tomber dans une fosse profonde qu'on recouvre avec des matières légères, au-dessus desquelles on attache un animal vivant. Le lion devient doux dès qu'il est pris, et si l'on profite des premiers momens de sa surprise ou de sa honte, on peut l'attacher, le museler, et le conduire où l'on veut.

Dans ces animaux, toutes les passions, même les plus douces, sont excessives, et l'amour maternel est extrême. La lionne, naturellement moins forte, moins courageuse et plus tranquille que le lion, devient terrible dès qu'elle a des petits ; elle se montre alors avec encore plus de hardiesse que le lion, elle ne connaît point le danger, elle se jette indifféremment sur les hommes et sur les animaux qu'elle rencontre, elle les met à mort, se charge ensuite de sa proie, la porte et la partage à ses lionceaux, auxquels elle apprend de bonne heure à sucer le sang et à déchirer la chair. D'ordinaire elle met bas dans des lieux très-écartés et de difficile accès, et lorsqu'elle craint d'être découverte, elle cache ses traces en retournant plusieurs fois sur ses pas, ou bien les efface avec sa queue, quelquefois même lorsque l'inquiétude est grande, elle transporte ailleurs ses petits, et quand on veut les lui enlever, elle devient furieuse, et les défend jusqu'à la dernière extrémité. *Buffon.*

LE LION ET L'AIGLE.

Tel qu'un peintre savant joint la lumière à l'ombre,
Dieu se plaît à créer des nuances sans nombre ;
Mais, par ce seul contraste et d'instincts et de goûts,
De haine et d'amitié, de douceur, de courroux,
De paresse et d'ardeur, qu'à chaque créature
En ses dons inégaux départit la nature,
Souvent son art sublime offre à l'œil enchanté
La ressemblance unie à la variété.
Au lion dans les bois, à l'aigle dans son aire,
Qui ne reconnaît pas le même caractère ?
Tous deux sont fiers, tous deux tyrans de leurs vassaux
Dans leur désert royal ne veulent point d'égaux.
impérieux amour, le besoin d'une épouse,

Domptent seuls les fureurs de leur fierté jalouse;
Tous deux, rois des états par la victoire acquis,
Ne veulent de festins que ceux qu'ils ont conquis;
Ennemis généreux et vainqueurs magnanimes,
Enfin tous deux font grâce à de faibles victimes;
Ainsi le même instinct produit mêmes humeurs,
Et, différens de race, ils sont joints par les mœurs.

Delille.

LOUP.

Le loup est l'un de ces animaux dont l'appétit pour la chair est le plus véhément; et quoique avec ce goût, il ait reçu de la nature les moyens de le satisfaire, qu'elle lui ait donné des armes, de la ruse, de l'agilité, de la force, tout ce qui est nécessaire, en un mot, pour trouver, attaquer, vaincre, saisir et dévorer sa proie, cependant il meurt souvent de faim, parce que l'homme lui ayant déclaré la guerre, l'ayant même proscrit en mettant sa tête à prix, le force à fuir, à demeurer dans les bois, où il ne trouve que quelques animaux sauvages qui lui échappent par la vitesse de leur course, et qu'il ne peut surprendre que par hasard ou par patience, en les attendant long-temps, et souvent en vain, dans les endroits où ils doivent passer. Il est naturellement grossier et poltron, mais il devient ingénieux par besoin, et hardi par nécessité; pressé par la famine, il brave le danger, vient attaquer les animaux qui sont sous la garde de l'homme, ceux surtout qu'il peut emporter aisément, comme les agneaux, les petits chiens, les chevreaux; et lorsque cette maraude lui réussit, il revient souvent à la charge, jusqu'à ce qu'ayant été blessé ou chassé, et maltraité par les hommes et les chiens, il se recèle pendant le jour dans son fort, et n'en sort que la nuit, parcourt la campagne, rôde autour des habitations, ravit les animaux abandonnés, vient attaquer les bergeries, gratte et creuse la terre sous les portes, entre furieux, met tout à mort avant de choisir et d'emporter sa proie. Lorsque ces courses ne lui produisent rien, il retourne au fond des bois, se met en quête, cherche, suit à la piste, chasse, poursuit les animaux sauvages, dans l'espérance qu'un autre loup pourra les arrêter, les saisir dans la fuite, et qu'ils en partageront la dépouille. Enfin, lorsque le besoin est extrême, il s'expose à tout, attaque les femmes et les enfans, se jette même quelquefois sur les hommes, devient furieux par ces excès, qui finissent ordinairement par la rage et la mort.

Le loup, tant à l'extérieur qu'à l'intérieur, ressemble si fort au chien, qu'il paraît être modelé sur la même forme; cependant il n'offre tout au plus que le revers de l'empreinte, et ne présente les mêmes caractères que sous une face entièrement opposée : si la forme est semblable, ce qui en résulte est bien-contraire; le naturel est si différent, que non-seulement ils sont incompatibles, mais antipathiques par nature, ennemis par instinct. Un jeune chien frissonne au premier aspect du loup; il fuit à l'odeur seule, qui, quoique nouvelle, inconnue, lui répugne si fort, qu'il vient en tremblant se ranger entre les jambes de son maître : un mâtin qui connaît ses forces se hérisse, s'indigne, l'attaque avec courage, tâche de le mettre en fuite, et fait tous ses efforts pour se délivrer d'une présence qui lui est odieuse; jamais ils ne se rencontrent sans se fuir ou sans combattre, et combattre à outrance jusqu'à ce que la mort s'ensuive. Si le loup est le plus fort, il déchire, il dévore sa proie; le chien, au contraire, plus généreux, se contente de la victoire, et ne trouve pas que *le corps d'un ennemi mort sente bon*, il l'abandonne pour servir de pâture aux corbeaux, et même aux autres loups; car ils s'entre-dévorent; et lorsqu'un loup est grièvement blessé, les autres le suivent au sang, et s'attroupent pour l'achever.

Le chien, même sauvage, n'est pas d'un naturel farouche; il s'apprivoise aisément, s'attache, et demeure fidèle à son maître. Le loup pris jeune se prive, mais ne s'attache point, la nature est plus forte que l'éducation; il reprend avec l'âge son caractère féroce, et retourne, dès qu'il le peut, à son état sauvage. Les chiens, même les plus grossiers, cherchent la compagnie des autres animaux; ils sont naturellement portés à les suivre, à les accompagner, et c'est par instinct seul, et non par éducation, qu'ils savent conduire et garder les troupeaux. Le loup est au contraire l'ennemi de toute société; il ne fait pas même compagnie à ceux de son espèce: lorsqu'on les voit plusieurs ensemble, ce n'est point une société de paix, c'est un attroupement de guerre, qui se fait à grand bruit avec des hurlemens affreux, et qui dénote un projet d'attaquer quelque gros animal, comme un cerf, un bœuf, ou de se défaire de quelque redoutable mâtin. Dès que leur expédition militaire est consommée, ils se séparent et retournent en silence à leur solitude.

Le loup a beaucoup de force, surtout dans les parties antérieures du corps, dans les muscles du cou et de la mâchoire. Il porte avec sa gueule un mouton, sans le laisser toucher à terre, et court en même temps plus vite que les bergers, en sorte qu'il n'y a que les chiens qui puissent l'atteindre et lui faire lâcher prise. Il mord cruellement, et toujours avec d'autant plus d'acharnement, qu'on lui résiste moins; car il prend des précautions avec les animaux qui peuvent se défendre. Il craint pour lui, et ne se bat que par nécessité, et jamais par un mouvement de courage : lorsqu'on le tire et que la balle lui casse quelque membre, il crie; et cependant, lorsqu'on l'achève à coups de bâtons, il ne se plaint pas comme le chien; il est plus dur, moins sensible, plus robuste : il marche, court, rôde des jours entiers et des nuits; il est infatigable, et c'est peut-être de tous les animaux le plus difficile à forcer à la course. Le chien est doux et courageux; le loup, quoique féroce, est timide. Lorsqu'il tombe dans un piége, il est si fort et si long-temps éprouvanté, qu'on peut ou le tuer sans qu'il se défende, ou le prendre vivant sans qu'il résiste; on peut lui mettre un collier, l'enchaîner, le museler, le conduire ensuite partout où l'on veut, sans qu'il ose donner le moindre signe de colère, ou même de mécontentement. Le loup a les sens très-bons, l'œil, l'oreille, et surtout l'odorat; il sent souvent de plus loin qu'il ne voit; l'odeur du carnage l'attire de plus d'une lieue; il sent aussi de loin les animaux vivans, il les chasse même assez long-temps en les suivant aux portées. Lorsqu'il veut sortir du bois, jamais il ne manque de prendre le vent; il s'arrête sur la lisière, évente de tous côtés, et reçoit ainsi les émanations des corps morts ou vivans que le vent lui apporte de loin. Il préfère la chair vivante à la chair morte, et cependant il dévore les voiries les plus infectes. Il aime la chair humaine, et peut-être, s'il était le plus fort, n'en mangerait-il pas d'autre. On a vu des loups suivre les armées, arriver en nombre à des champs de bataille, où l'on n'avait enterré que négligemment les corps, les découvrir, les dévorer avec une insatiable avidité; et ces mêmes loups, accoutumés à la chair humaine, se jeter ensuite sur les hommes, attaquer le berger plutôt que le troupeau, dévorer des femmes, emporter des enfans, etc. On appelle ces mauvais loups, *loups garoux*, c'est-à-dire loups dont il faut se garer. Désagréable en tout, la mine basse, l'aspect sauvage, la voix effrayante, l'odeur insupportable, le naturel pervers, les mœurs féroces, le loup est odieux, nuisible de son vivant, inutile après sa mort. *Buffon.*

LUNE.

Mais de Diane au ciel l'astre vient de paraître ;
Qu'il luit paisiblement sur ce séjour champêtre !
Éloigne tes pavots, Morphée, et laisse-moi
Contempler ce bel astre, aussi calme que toi.
Cette voûte des cieux mélancolique et pure,
Ce demi-jour si doux levé sur la nature,

1.
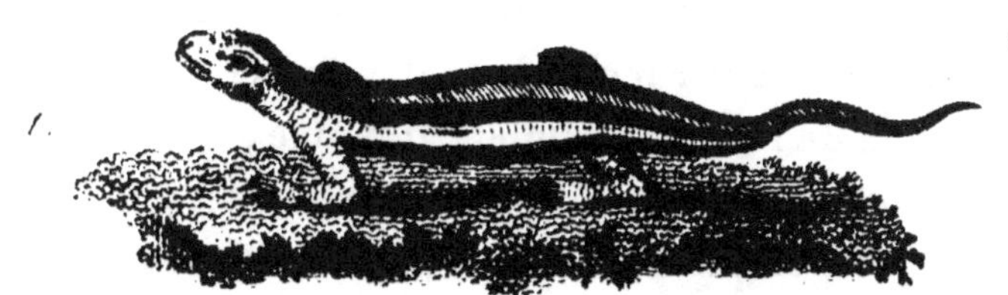

2

3

B.R

1. Lézard — 2. Linx — 3. Léopard chasseur.

Ces sphères qui, roulant dans l'espace des cieux,
Semblent y ralentir leur cours silencieux;
Du disque de Phébé la lumière argentée,
En rayons tremblotans sous ces eaux répétée,
Ou qui jette en ces bois, à travers les rameaux,
Une clarté douteuse et des jours inégaux;
Des différens objets la couleur affaiblie,
Tout repose la vue, et l'âme recueillie.
Reine des nuits, l'amant devant toi vient rêver,
Le sage réfléchir, le savant observer.
Il tarde au voyageur, dans une nuit obscure,
Que ton pâle flambeau se lève et le rassure :
Le ciel d'où tu me luis est le sacré vallon,
Et je sens que Diane est la sœur d'Apollon.

Lemière.

LYNX, ou LOUP CERVIER.

Le lynx, dont les anciens ont dit que la vue était assez perçante pour pénétrer les corps opaques, dont l'urine avait la merveilleuse propriété de devenir une pierre précieuse, est un animal fabuleux, aussi-bien que toutes les propriétés qu'on lui attribue. Notre lynx ne voit point à travers les murailles, mais il est vrai qu'il a les yeux brillans, le regard doux, l'air agréable et gai;

son urine ne fait pas des pierres précieuses, mais seulement il la recouvre de terre, comme font les chats, auxquels il ressemble beaucoup, et dont il a les mœurs, et même la propreté. Il n'a rien du loup qu'une espèce de hurlement qui, se faisant entendre de loin, a dû tromper les chasseurs, et faire croire qu'ils entendaient un loup. Cela seul a peut-être suffi pour lui faire donner le nom de *loup*, auquel, pour le distinguer du vrai loup, les chasseurs auront ajouté l'épithète de *cervier*, parce qu'il attaque les cerfs ou plutôt parce que sa peau est variée de taches à peu près comme celle des jeunes cerfs, lorsqu'ils ont la livrée. Le lynx est moins gros que le loup, et plus bas sur ses jambes; il est communément de la grandeur d'un renard : il diffère de la panthère et de l'once par les caractères suivans : il a le poil plus long, les taches moins vives et mal terminées, les oreilles bien plus grandes, et surmontées à leur extrémité d'un pinceau de poils noirs; la queue beaucoup plus courte et noire à l'extrémité, le tour des yeux blanc, et l'air de la face plus agréable et moins féroce La robe du mâle est mieux marquée que celle de la femelle : il ne court pas de suite comme le loup, il marche et saute comme le chat : il vit de chasse, et poursuit son gibier jusqu'à la cime des arbres; les chats sauvages, les martes, les hermines, les écureuifs ne peuvent lui échapper; il saisit aussi les oiseaux; il attend les cerfs, les chevreuils, les lièvres au passage, et s'élance dessus; il les prend à la gorge, et lorsqu'il s'est rendu maître de sa victime, il lui suce le sang et lui ouvre la tête pour manger la cervelle, après quoi souvent il l'abandonne pour en chercher une autre : rarement il retourne à sa première proie, et c'est ce qui a fait dire que de tous les animaux, le lynx était celui qui avait le moins de mémoire. Son poil change de couleur suivant les climats et la saison, ses fourrures d'hiver sont plus belles, meilleures, et plus fournies que celles de l'été : sa chair, comme celle de tous les animaux de proie, n'est pas bonne à manger. *Buffon.*

MATIN.

Le crépuscule, ami de la saison nouvelle,
Semble créer aux yeux les beautés qu'il révèle :
L'aube au front argenté fait naître lentement
Du réveil matinal l'incertain mouvement ;
Dans l'air qui s'éclaircit l'alouette légère,
De l'aurore au printemps active messagère,
Au milieu des sillons monte, chante, et sa voix
A donné le signal au peuple ailé des bois.
Sous des rameaux en fleurs le rossignol tranquille
Leur permet le plaisir d'une gloire facile ;
Il sait que ses accens doivent rendre à leur tour
Les échos de la nuit plus doux que ceux du jour.
Souverain bienfaisant de la céleste voûte,
Et des heures en cercle entouré sur sa route,
Le soleil a conduit son char étincelant
Du signe du Belier vers le Taureau brillant.
L'Orient va s'ouvrir ; de la séve animée
S'élève vers le Dieu l'offrande parfumée.
Le feu de ses rayons n'entr'ouvre point encor
Les nuages voisins qu'il change en vagues d'or ;
Mais son front se dévoile, et soudain la lumière
Perce, vole et s'étend sur la nature entière.
Elle frappe, elle éclaire et rougit les coteaux,
Dont la pente blanchit sous de nombreux troupeaux.
Dans ces châteaux lointains fermés à sa puissance,

Des palais du sommeil respectant le silence,
Elle va sous le chaume, où le vieux laboureur
De ce nouveau printemps implore la faveur;
Plus loin, elle produit dans la forêt moins sombre
Le mobile combat et du jour et de l'ombre.
De l'œil à cet éclat semblent se rapprocher
La cascade bleuâtre et l'humide rocher,
Et d'un brouillard qui fuit, la montagne entourée
Reparaît sous l'azur dont elle est colorée.

Boisjolin.

Voyez SOIR.

MER.

La première chose qui se présente, c'est l'immense quantité d'eau qui couvre la plus grande partie du globe; ces eaux occupent toujours les parties les plus basses, elles sont aussi toujours de niveau, et elles tendent perpétuellement à l'équilibre et au repos; cependant, nous les voyons agitées par une forte puissance, qui, s'opposant à la tranquillité de cet élément, lui imprime un mouvement périodique et réglé, soulève et abaisse alternativement les flots, et fait un balancement de la masse totale des mers en les remuant jusqu'à la plus grande profondeur.

Nous savons que ce mouvement est de tous les temps, et qu'il durera autant que la lune et le soleil, qui en sont les causes.

Considérant ensuite le fond de la mer, nous y remarquons autant d'inégalités que sur la surface de la terre; nous y trouvons des hauteurs, des vallées, des plaines, des profondeurs, des rochers, des terrains de toute espèce; nous voyons que toutes les îles ne sont que les sommets de vastes montagnes, dont le pied et les racines sont couvertes de l'élément liquide; nous y trouvons d'autres sommets de montagnes qui sont presque à fleur d'eau; nous y remarquons des courans rapides qui semblent se soustraire au mouvement général : on les voit se porter quelquefois constamment dans la même direction, quelquefois rétrograder et ne jamais excéder leurs limites, qui paraissent aussi invariables que celles qui bornent les efforts des fleuves de la terre. Là sont ces contrées orageuses où les vents en fureur précipitent la tempête, où la mer et le ciel également agités se choquent et se confondent : ici sont des mouvemens intestins, des bouillonnemens, des trombes et des agitations extraordinaires causées par des volcans dont la bouche submergée vomit le feu du sein des ondes, et pousse jusqu'aux nues une épaisse vapeur mêlée d'eau, de soufre et de bitume. Plus loin je vois ces gouffres dont on n'ose approcher, qui semblent attirer les vaisseaux pour les engloutir; au delà j'aperçois ces vastes plaines toujours calmes et tranquilles, mais tout aussi dangereuses, où les vents n'ont jamais exercé leur empire, où l'art du nautonier devient inutile, où il faut rester et périr : enfin, portant les yeux jusqu'aux extrémités du globe, je vois ces glaces énormes qui se détachent des continens des pôles, et viennent comme des montagnes flottantes voyager et se fondre jusque dans les régions tempérées.

Voilà les principaux objets que nous offre le vaste empire de la mer : des milliers d'habitans de différentes espèces en peuplent toute l'étendue; les uns couverts d'écailles légères en traversent avec rapidité les différens pays; d'autres chargés d'une épaisse coquille se traînent pesamment et marquent avec lenteur leur route sur le sable; d'autres, à qui la nature a donné des nageoires en forme d'ailes, s'en servent pour s'élever et se soutenir dans les airs; d'autres enfin, à qui tout mouvement a été refusé, croissent et vivent attachés aux rochers : tous trouvent dans cet élément leur pâture. Le fond de la mer produit abondamment des plantes, des mousses, et des végétations encore plus singulières ; le terrain de la mer est de sable, de gravier, souvent de vase, quelquefois de terre ferme, de coquillages, de rochers; et partout il ressemble à la terre que nous habitons.

Buffon.

MINES.

Le règne minéral n'a rien en soi d'aimable et d'attrayant ; ses richesses, renfermées dans le sein de la terre, semblent avoir été éloignées des regards de l'homme, pour ne pas tenter sa cupidité : elles sont là comme en réserve pour servir un jour de supplément aux véritables richesses, qui sont plus à sa portée, et dont il perd le goût à mesure qu'il se corrompt. Alors il faut qu'il appelle l'industrie, la peine et le travail, au secours de ses misères; il fouille les entrailles de la terre, il va chercher dans son centre, aux risques de sa vie et aux dépens de sa santé, des biens imaginaires à la place des biens réels qu'elle lui offrait d'elle-même quand il savait en jouir. Il fuit le soleil et le jour, qu'il n'est plus digne de voir; il s'enterre tout vivant, et fait bien, ne méritant plus de vivre à la lumière du jour. Là, des carrières, des gouffres, des forges, des fourneaux, un appareil d'enclumes, de marteaux, de fumée et de feu, succèdent aux douces images des travaux champêtres. Les visages hâves des malheureux qui languissent dans les infectes vapeurs des mines, de noirs forgerons, de hideux cyclopes, sont le spectacle que l'appareil des mines substitue, au sein de la terre, à celui de la verdure et des fleurs, du ciel azuré, des bergers amoureux, et des laboureurs robustes, sur sa surface. *J.-J. Rousseau.*

MOCOCO.

Le mococo est un joli animal, d'une physionomie fine, d'une figure élégante et svelte, d'un beau poil toujours propre et lustré; il est remarquable par la grandeur de ses yeux, par la hauteur de ses jambes de derrière, qui sont beaucoup plus longues que celles de devant, et par sa belle et grande queue, qui est toujours relevée, toujours en mouvement, et sur laquelle on compte jusqu'à trente anneaux alternativement noirs et blancs, tous bien distincts et bien séparés les uns des autres : il a des mœurs douces, et quoiqu'il ressemble en beaucoup de choses au singe, il n'en a ni la malice ni le naturel. Dans son état de liberté il vit en société, et on le trouve à Madagascar par troupes de trente ou quarante; dans celui de captivité, il n'est incommode que par le mouvement prodigieux qu'il se donne, c'est pour cela qu'on le tient ordinairement à la chaîne; car, quoique très-vif et très-éveillé, il n'est ni méchant ni sauvage; il s'apprivoise assez pour qu'on puisse

1.

2.

3

B.R

1. Marmotte de Québec. 2. Macaque sans queue.

3. Marte.

le laisser aller et venir sans craindre qu'il s'enfuie ; sa démarche est oblique comme celle de tous les animaux qui ont quatre mains au lieu de quatre pieds ; il saute de meilleure grâce et plus légèrement qu'il ne marche ; il est assez silencieux, et ne fait entendre sa voix que par un cri court et aigu, qu'il laisse pour ainsi dire échapper lorsqu'on le surprend ou qu'on l'irrite. Il dort assis, le museau incliné et appuyé sur sa poitrine : il n'a pas le corps plus gros qu'un chat, mais il l'a plus long, et il paraît plus grand, parce qu'il est plus élevé sur ses jambes ; son poil, quoique très-doux au toucher, n'est pas couché, et se tient assez fermement droit.... *Buffon.*

MOINEAU.

Dans quelque contrée que le moineau habite, on ne le trouve jamais dans les lieux déserts, ni même dans ceux qui sont éloignés du séjour de l'homme : les moineaux sont, comme les rats, attachés à nos habitations; ils ne se plaisent ni dans les bois ni dans les vastes campagnes; on a même remarqué qu'il y en a plus dans les villes que dans les villages, et qu'on n'en voit point dans les hameaux et dans les fermes qui sont au milieu des forêts : ils suivent la société pour vivre à ses dépens; comme ils sont paresseux et gourmands, c'est sur des provisions toutes faites, c'est-à-dire sur le bien d'autrui qu'ils prennent leur subsistance; nos granges et nos greniers, nos basses-cours, nos colombiers, tous les lieux, en un mot, où nous rassemblons ou distribuons des grains, sont les lieux qu'ils fréquentent de préférence; et comme ils sont aussi voraces que nombreux, ils ne laissent pas de faire plus de tort que leur espèce ne vaut; car leur plume ne sert à rien, leur chair n'est pas bonne à manger, leur voix blesse l'oreille, leur familiarité est incommode, leur pétulance grossière est à charge; ce sont de ces gens que l'on trouve partout et dont on n'a que faire, si propres à donner de l'humeur, que dans certains endroits on les a frappés de proscription en mettant à prix leur vie.

Et ce qui les rendra éternellement incommodes, c'est non-seulement leur très-nombreuse multiplication, mais encore leur défiance, leur finesse, leurs ruses, et leur opiniâtreté à ne pas désemparer les lieux qui leur conviennent. Ils sont fins, peu craintifs, difficiles à tromper; ils reconnaissent aisément les piéges qu'on leur tend : ils impatientent ceux qui veulent se donner la peine de les prendre. Il faut pour cela tendre un filet d'avance, et attendre plusieurs heures, souvent en vain, et il n'y a guère que dans les saisons de disette et dans les temps de neige où cette chasse puisse avoir du succès; ce qui néanmoins ne peut faire une diminution sensible sur une espèce qui se multiplie trois fois par an. Leur nid est composé de foin au-dehors, et de plumes en dedans. Si vous le détruisez, en vingt-quatre heures ils en font un autre; si vous jetez leurs œufs, qui sont communément au nombre de cinq ou six, et souvent davantage, huit ou dix jours après ils en pondent de nouveaux; si vous les tirez sur les arbres ou sur les toits, ils ne s'en recèlent que mieux dans vos greniers. Il faut à peu près vingt livres de blé par an pour nourrir une couple de moineaux; des personnes qui en avaient gardé dans des cages m'en ont assuré. Que l'on juge par leur nombre de la déprédation que ces oiseaux font de nos grains ; car, quoiqu'ils nourrissent leurs petits d'insectes dans le premier âge, et qu'ils en mangent eux-mêmes en assez grande quantité, leur principale nourriture est notre meilleur grain. Ils suivent le laboureur dans le temps des semailles, les moissonneurs pendant celui de la récolte, les batteurs dans les granges, la fermière lorsqu'elle jette le grain à ses volailles ; ils le cherchent dans les colombiers et jusque dans le jabot des jeunes pigeons qu'ils percent pour l'en tirer : ils mangent aussi les mouches à miel, et détruisent ainsi de préférence les seuls insectes qui nous soient utiles ; enfin ils sont si malfaisans, si incommodes, qu'il serait à désirer qu'on trouvât quelque moyen de les détruire. *Buffon.*

MONGOUS.

Le mongous est plus petit que le mococo; il a comme lui le poil soyeux et assez court, mais un peu frisé; il a aussi le nez plus gros que le mococo, et assez semblable à celui du vari. J'ai eu chez moi pendant plusieurs années un de ces mongous qui était tout brun; il avait l'œil jaune, le nez noir et les oreilles courtes; il s'amusait à manger sa queue, et en avait ainsi détruit les quatre ou cinq dernières vertèbres; c'était un animal fort sale et assez incommode; on était obligé de le tenir à la chaîne, et quand il pouvait s'échapper, il entrait dans les boutiques du voisinage pour chercher des fruits, du sucre, et surtout des confitures, dont il ouvrait les boîtes; on avait bien de la peine à le reprendre, et il mordait cruellement alors ceux même qu'il connaissait le mieux; il avait un petit grognement presque continuel; et lorsqu'il s'ennuyait, et qu'on le laissait seul, il se faisait entendre de fort loin par un coassement tout semblable à celui de la grenouille.... Il craignait le froid et l'humidité;

il ne s'éloignait jamais du feu, et se tenait debout pour se chauffer : on le nourrissait avec du pain et des fruits; sa langue était rude comme celle d'un chat; et si on le laissait faire, il léchait la main jusqu'à la faire rougir, et finissait souvent par l'entamer avec les dents. Le froid de l'hiver de 1750 le fit mourir, quoiqu'il ne fût pas sorti du coin du feu : il était très-brusque dans ses mouvemens, et fort pétulant par instans; cependant il dormait souvent le jour, mais d'un sommeil léger que le moindre bruit interrompait. *Buffon.*

MONSTRES MARINS.

Que de piéges adroits! que de savans combats!
Une guerre éternelle arme ce peuple immense.
Les uns ont leurs épieux et les autres leur lance;
L'un, d'une encre cachée en de secrets vaisseaux,
Noircit l'onde, s'échappe, et s'enfuit sous les eaux;
D'un large tablier qu'avec force il déploie,
L'autre enveloppe, étouffe, et dévore sa proie.
Quel nocher n'a connu ce combat si fameux
Qui trouble au loin d'effroi tout l'empire écumeux?
Ces fiers dominateurs de la liquide plaine,
Le terrible espadon et l'énorme baleine :

T. II. P. 66.

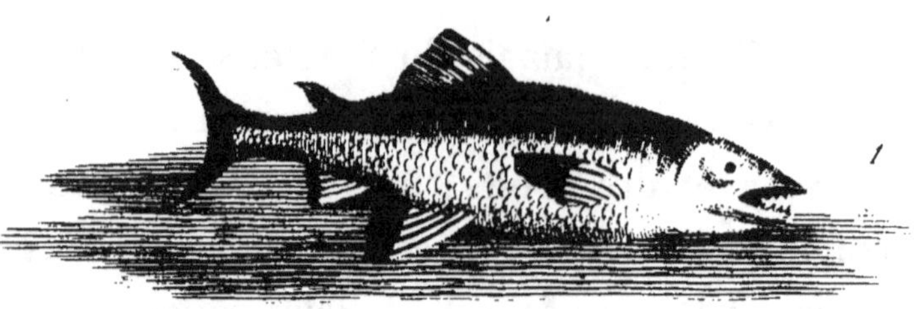

1. Saumon — 2. Chevalier aux pieds rouges (le)
3. Phoque .

Voyez-les s'attaquer, se heurter à la fois,
L'un armé de sa scie et l'autre de son poids.
L'un, agile et fougueux, rapidement s'élance,
Sur son lourd ennemi fond avec violence ;
L'autre avec pesanteur roulant son vaste corps,
De sa queue effroyable arme tous les ressorts ;
Et malheur à celui que d'un coup redoutable,
Frapperait en fureur ce fouet épouvantable :
Son ennemi l'esquive, et, sautant dans les airs,
Tombe plus acharné sur le géant des mers,
Et de son arme affreuse entame la baleine.
Alors de l'océan l'immense souveraine,
Secouant l'ennemi sur son énorme dos,
Presse, foule, et soulève, et tourmente les flots,
L'horrible scie accroît ses blessures profondes ;
Le monstre ensanglanté se débat sur les ondes ;
Des bords du Groënland aux rives de Thulé,
Il agite en mourant son empire ébranlé.
La mer gronde, et du sein des humides campagnes,
Tout l'océan s'élève, et retombe en montagnes.

Delille.

NATURE.

La nature est le système des lois établies par la Créateur pour l'existence des choses et pour la succession des êtres. La nature n'est point une chose, car cette chose serait tout : la nature n'est point un être, car cet être serait Dieu; mais on peut la considérer comme une puissance vive, immense, qui embrasse tout, qui anime tout, et qui, subordonnée à celle du premier être, n'a commencé d'agir que par son ordre, et n'agit encore que par son concours ou son consentement. Cette puissance est de la puissance divine la partie qui se manifeste; c'est en même temps la cause et l'effet, le mode et la substance, le dessein et l'ouvrage: bien différente de l'art humain dont les productions ne sont que des ouvrages morts, la nature est elle-même un ouvrage perpétuellement vivant, un ouvrier sans cesse actif, qui sait tout employer, qui travaillant d'après soi-même, toujours sur le même fonds, bien loin de l'épuiser, le rend inépuisable : le temps, l'espace et la matière sont ses moyens, l'univers son objet, le mouvement et la vie son but.

Les effets de cette puissance sont les phénomènes du monde; les ressorts qu'elle emploie sont des forces vives, que l'espace et le temps ne peuvent que mesurer et limiter sans jamais les détruire; des forces qui se balancent, qui se confondent, qui s'opposent sans pouvoir s'anéantir : les unes pénètrent et transportent les corps, les autres les échauffent et les animent ; l'attraction et l'impulsion sont les deux principaux instrumens de l'action de cette puissance sur les corps bruts ; la chaleur et les molécules organiques vivantes sont les principes actifs qu'elle met en œuvre pour la formation et le développement des êtres organisés.

Avec de tels moyens que ne peut la nature ? Elle pourrait tout si elle pouvait anéantir et créer ; mais Dieu s'est réservé ces deux extrêmes de pouvoir ; anéantir et créer sont les attributs de la toute-puissance ; altérer, changer, détruire, développer, renouveler, produire, sont les seuls droits qu'il a voulu céder. Ministre de ses ordres irrévocables, dépositaire de ses immuables décrets, la nature ne s'écarte jamais des lois qui lui ont été prescrites ; elle n'altère rien aux plans qui lui ont été tracés, et dans tous ses ouvrages elle présente le sceau de l'Éternel : cette empreinte divine, prototype inaltérable des existences, est le modèle sur lequel elle opère ; modèle dont tous les traits sont exprimés en caractères ineffaçables, et prononcés pour jamais; modèle toujours neuf, que le nombre des moules ou des copies, quelque infini qu'il soit, ne fait que renouveler.

Aussi avec quelle magnificence la nature ne brille-t-elle pas sur la terre! Une lumière pure, s'étendant de l'orient au couchant, dore successivement les hémisphères de ce globe; un élément transparent et léger l'environne; une chaleur douce et féconde anime, fait éclore tous les germes de vie; des eaux vives et salutaires servent à leur entretien, à leur accroissement; des éminences distribuées dans le milieu des terres arrêtent les vapeurs de l'air, rendent ces sources intarissables et toujours nouvelles; des cavités immenses faites pour les recevoir partagent les continens : l'étendue de la mer est aussi grande que celle de la terre; ce n'est point un élément froid et stérile, c'est un nouvel empire aussi riche, aussi peuplé que le premier. Le doigt de Dieu a marqué leurs confins; si la mer anticipe sur les plages de l'occident, elle laisse à découvert celles de l'orient, cette masse immense d'eau, inactive par elle-même, suit les impressions des mouvemens célestes, elle balance par des oscillations régulières de flux et de reflux, elle s'élève et s'abaisse avec l'astre de la nuit, elle s'élève encore plus lorsqu'il concourt avec l'astre du jour, et que tous deux, réunissant leurs forces dans le temps des équinoxes, causent les grandes marées : notre correspondance avec le ciel n'est nulle part mieux marquée. De ces mouvemens constans et généraux résultent des mouvemens variables et particuliers, des transports de terre, des dépôts qui forment au fond des eaux des éminences semblables à celles que nous voyons sur la surface de la terre; des courans qui, suivant la direction de ces chaînes de montagnes, leur donnent une figure dont tous les angles se correspondent, et, coulant au milieu des ondes comme les eaux coulent sur la terre, sont en effet les fleuves de la mer.

NATURE SAUVAGE.

La nature est le trône extérieur de la magnificence divine; l'homme qui la contemple, qui l'étudie, s'élève par degrés au trône intérieur de la toute-puissance; fait pour adorer le créateur, il commande à toutes les créatures; vassal du ciel, roi de la terre, il l'ennoblit, la peuple et l'enrichit; il établit entre les êtres vivans l'ordre, la subordination, l'harmonie; il embellit la nature même, il la cultive, l'étend et la polit, en élague le chardon et la ronce, y multiplie le raisin et la rose. Voyez ces plages désertes, ces tristes contrées où l'homme n'a jamais résidé : couvertes ou plutôt hérissées de bois épais et noirs dans toutes les parties élevées; des arbres sans écorce et sans cime, courbés, rompus, tombant de vétusté; d'autres en plus grand nombre, gisant au pied des premiers, pour pourir sur des monceaux déjà pouris, étouffent, ensevelissent les germes prêts à éclore. La nature, qui partout ailleurs brille par sa jeunesse, paraît ici dans la dé-

1

2

R.F.

Jocko — 2. Gibbon (le grand) — 3. Cachicame.

crépitude ; la terre surchargée par le poids, surmontée par les débris de ses productions, n'offre, au lieu d'une verdure florissante, qu'un espace encombré, traversé de vieux arbres chargés de plantes parasites, de lichens, d'agarics, fruits impurs de la corruption : dans toutes les parties basses, des eaux mortes et croupissantes faute d'être conduites et dirigées ; des terrains fangeux, qui, n'étant ni solides ni liquides, sont inabordables, et demeurent également inutiles aux habitans de la terre et des eaux ; des marécages qui, couverts de plantes aquatiques et fétides, ne nourrissent que des insectes vénéneux et servent de repaire aux animaux immondes. Entre ces marais infects qui occupent les lieux bas, et les forêts décrépites qui couvrent les terres élevées, s'étendent des espèces de landes, des savanes qui n'ont rien de commun avec nos prairies ; les mauvaises herbes y surmontent, y étouffent les bonnes ; ce n'est point ce gazon fin qui semble faire le duvet de la terre, ce n'est point cette pelouse émaillée qui annonce sa brillante fécondité ; ce sont des végétaux agrestes, des herbes dures, épineuses, entrelacées les unes dans les autres, qui semblent moins tenir à la terre qu'elles ne tiennent entre elles, et qui, se desséchant et repoussant successivement les unes sur les autres, forment une bourre grossière, épaisse de plusieurs pieds. Nulle route, nulle communication, nulle vestige d'intelligence dans ces lieux sauvages : l'homme obligé de suivre les sentiers de la bête farouche, s'il veut les parcourir; contraint de veiller sans cesse pour éviter d'en devenir la proie; effrayé de leurs rugissemens, saisi du silence même de ces profondes solitudes, il rebrousse chemin, et dit : La nature brute est hideuse et mourante; c'est moi, moi seul qui peux la rendre agréable et vivante : desséchons ces marais, animons ces eaux mortes en les faisant couler; formons-en des ruisseaux, des canaux; employons cet élément actif et dévorant qu'on nous avait caché et que nous ne devons qu'à nous-mêmes; mettons le feu à cette bourre superflue, à ces vieilles forêts déjà à demi consommées; achevons de détruire avec le fer ce que le feu n'aura pu consumer, bientôt au lieu du jonc, du nénuphar, dont le crapaud composait son venin, nous verrons paraître la renoncule, le trèfle, les herbes douces et salutaires; des troupeaux d'animaux bondissans fouleront cette terre jadis impraticable; ils y trouveront une subsistance abondante, une pâture toujours renaissante; ils se multiplieront pour se multiplier encore; servons-nous de ces nouveaux aides pour achever notre ouvrage; que le bœuf soumis au joug emploie ses forces et le poids de sa masse à sillonner la terre; qu'elle rajeunisse par la culture, une nature nouvelle va sortir de nos mains.

NATURE CULTIVÉE.

Qu'elle est belle, cette nature cultivée! que par les soins de l'homme elle est brillante et pompeusement parée! Il en fait lui-même le principal ornement, il en est la production la plus noble; en se multipliant, il en multiplie le germe le plus précieux; elle-même aussi semble se multiplier avec lui ; il met au jour par son art tout ce qu'elle recelait dans son sein! que de trésors ignorés, que de richesses nouvelles! les fleurs, les fruits, les grains perfectionnés, multipliés à l'infini; les espèces utiles d'animaux transportées, propagées, augmentées sans nombre; les espèces nuisibles réduites, confinées, reléguées; l'or et le fer, plus nécessaire que l'or, tirés des entrailles de la terre, les torrens contenus, les fleuves dirigés, resserrés; la mer même soumise, reconnue, traversée d'un hémisphère à l'autre; la terre accessible partout, partout rendue aussi vivante que féconde ; dans les vallées de riantes prairies, dans les plaines de riches pâturages ou des moissons encore plus riches ; les collines chargées de vignes et de fruits , leurs sommets couronnés d'arbres utiles et de jeunes forêts : les déserts devenus des cités habitées par un peuple immense, qui, circulant sans cesse , se répand de ses centres jusqu'aux extrémités ; des routes ouvertes et fréquentées, des communications établies partout, comme autant de témoins de la force et de l'union de la société ; mille autres monumens de puis-

T. II. P.

B.R

1. Tamanoir _ 2. Guib _ 3. Orang-Outang.

sance et de gloire démontrent assez que l'homme, maître du domaine de la terre, en a changé, renouvelé la surface entière, et que de tout temps il partage l'empire avec la nature.

NATURE DÉGÉNÉRÉE.

Cependant il ne règne que par droit de conquête; il jouit plutôt qu'il ne possède, il ne conserve que par des soins toujours renouvelés; s'ils cessent, tout languit, tout s'altère, tout change, tout rentre sous la main de la nature : elle reprend ses droits, efface les ouvrages de l'homme, couvre de poussière et de mousse ses plus fastueux monumens, les détruit avec le temps, et ne lui laisse que le regret d'avoir perdu par sa faute ce que ses ancêtres avaient conquis par leurs travaux. Ces temps où l'homme perd son domaine, ces siècles de barbarie pendant lesquels tout périt, sont toujours préparés par la guerre, et arrivent avec la disette et la dépopulation. L'homme, qui ne peut que par le nombre, qui n'est fort que par sa réunion, qui n'est heureux que par la paix, a la fureur de s'armer pour son malheur, et de combattre pour sa ruine : excité par l'insatiable avidité, aveuglé par l'ambition encore plus insatiable, il renonce aux sentimens d'humanité, tourne toutes ses forces contre lui-même, cherche à s'entre-détruire, se détruit en effet; et après ces jours de sang et de carnage, lorsque la fumée de la gloire s'est dissipée, il voit d'un œil triste la terre dévastée, les arts ensevelis, les nations dispersées, les peuples affaiblis, son propre bonheur ruiné, et sa puissance réelle anéantie.

Buffon.

LA NATURE

DANS L'AMÉRIQUE MÉRIDIONALE.

Dans ces contrées de l'Amérique méridionale, où la nature plus active fait descendre à grands flots, du sommet des hautes Cordillières, des fleuves immenses, dont les eaux, s'étendant en liberté, inondent au loin des campagnes nouvelles, et où la main de l'homme n'a jamais opposé aucun obstacle à leur cours; sur les rives limoneuses de ces fleuves rapides, s'élèvent de vastes et antiques forêts. L'humidité chaude et vivifiante qui les abreuve devient la source intarissable d'une verdure toujours nouvelle pour ces bois touffus, image sans cesse renaissante d'une fécondité sans bornes, et où il semble que la nature, dans toute la vigueur de la jeunesse, se plaît à entasser les germes productifs. Les végétaux ne croissent pas seuls au milieu de ces vastes solitudes; la nature a jeté sur ces grandes productions la variété, le mouvement et la vie. En attendant que l'homme vienne régner au milieu de ces forêts, elles sont le domaine de plusieurs animaux qui, les uns par la beauté de leurs écailles, l'éclat de leurs couleurs, la vivacité de leurs mouvemens, l'agilité de leur course, les autres par la fraîcheur de leur plumage, l'agrément de leur parure, la rapidité de leur vol, tous, par la diversité de leurs formes, font, des vastes contrées du Nouveau-Monde, un grand et magnifique tableau, une scène animée, aussi variée qu'immense. D'un côté, des ondes majestueuses roulent avec bruit; de l'autre, des flots écumans se précipitent avec fracas des rochers élevés, et des tourbillons de vapeurs réfléchissent au loin les rayons éblouissans du soleil; ici, l'émail des fleurs se mêle au brillant de la verdure, et est effacé par l'éclat plus brillant encore du plumage varié des oiseaux; là des couleurs plus vives, parce qu'elles sont renvoyées par des corps plus polis, forment la parure de ces grands quadrupèdes ovipares, de ces gros lézards que l'on est tout étonné de voir décorer le sommet des arbres, et partager la demeure des habitans ailés. *Lacépède.*

NÈGRES.

Quoique les nègres aient peu d'esprit, ils ne laissent pas d'avoir beaucoup de sentiment; ils sont gais ou mélancoliques, laborieux ou fainéans, amis ou ennemis, selon la manière dont on les traite : lorsqu'on les nourrit bien et qu'on ne les maltraite pas, ils sont contens, joyeux, prêts à tout faire, et la satisfaction de leur âme est peinte sur leur visage; mais, quand on les traite mal, ils prennent le chagrin fort à cœur et périssent quelquefois de mélancolie : ils sont donc fort sensibles aux bienfaits et aux outrages, et ils portent une haine mortelle contre ceux qui les ont maltraités; lorsqu'au contraire ils s'affectionnent à un maître, il n'y a rien qu'ils ne fussent capables de faire pour lui marquer leur zèle et leur dévouement. Ils sont naturellement compatissans, et même tendres pour leurs enfans, pour leurs amis, pour leurs compatriotes; ils partagent volontiers le peu qu'ils ont avec ceux qu'ils voient dans le besoin, sans même les connaître autrement que par leur indigence. Ils ont donc, comme l'on voit, le cœur excellent, ils ont le germe de toutes les vertus : je ne puis écrire leur histoire sans m'attendrir sur leur état; ne sont-ils pas assez malheureux d'être réduits à la servitude, d'être obligés de toujours travailler sans pouvoir jamais rien acquérir? Faut-il encore les excéder, les frapper, et les traiter comme des animaux? L'humanité se révolte contre ces traitemens odieux que l'avidité du gain a mis en usage, et qu'elle renouvellerait peut-être tous les jours, si nos lois n'avaient pas mis un frein à la brutalité des maîtres, et resserré les limites de la misère de leurs esclaves. On les force de travail, on leur épargne la nourriture, même la plus commune; ils supportent, dit-on, très-aisément la faim; pour vivre trois jours il ne leur faut que la portion d'un Européen pour un repas; quelque peu qu'ils mangent et qu'ils dorment, ils sont toujours également durs, également forts au travail. Comment des hommes à qui il reste quelque sentiment d'humanité peuvent-ils adopter ces maximes, en faire un préjugé, et chercher à légitimer par ces raisons les excès que la soif de l'or leur fait commettre?

Buffon.

NUIT.

Spectacle d'une belle nuit dans les déserts du Nouveau-Monde.

Une heure après le coucher du soleil, la lune se montra au-dessus des arbres; à l'horizon opposé, une brise embaumée qu'elle amenait de l'orient avec elle, semblait la précéder, comme sa fraîche haleine, dans les forêts. La reine des nuits monta peu à peu dans le ciel : tantôt elle suivait paisiblement sa course azurée, tantôt elle reposait sur des groupes de nues, qui ressemblaient à la cime des hautes montagnes couronnées de neige. Ces nues, ployant et déployant leurs voiles, se déroulaient en zones diaphanes de satin blanc, se dispersaient en légers flocons d'écume, ou formaient dans les cieux des bancs d'une ouate éblouissante, si doux à l'œil, qu'on croyait ressentir leur mollesse et leur élasticité.

La scène, sur la terre, n'était pas moins ravissante ; le jour bleuâtre et velouté de la lune descendait dans les intervalles des arbres et poussait des gerbes de lumière jusque dans l'épaisseur des plus profondes ténèbres. La rivière qui coulait à mes pieds tour à tour se perdait dans les bois, tour à tour reparaissait toute brillante des constellations de la nuit, qu'elle répétait dans son sein. Dans une vaste prairie, de l'autre côté de cette rivière, la clarté de la lune dormait sans mouvement sur les gazons. Des bouleaux agités par les brises, et dispersés çà et là dans la savane, formaient des îles d'ombres flottantes, sur une mer immobile de lumière. Auprès, tout était silence et repos, hors la chute de quelques feuilles, le passage brusque d'un vent subit, les gémissemens rares et interrompus de la hulotte; mais au loin, par intervalles, on entendait les roulemens solennels de la cataracte de Niagara, qui, dans le calme de la nuit, se prolongeaient de désert en désert, et expiraient à travers les forêts solitaires.

La grandeur, l'étonnante mélancolie de ce tableau, ne sauraient s'exprimer dans des langues humaines; les plus belles nuits en Europe ne peuvent en donner une idée. En vain, dans nos champs cultivés, l'imagination cherche à s'étendre; elle rencontre de toutes parts les habitations des hommes; mais, dans ces pays déserts, l'âme se plaît à s'enfoncer dans un océan de forêts, à errer aux bords des lacs immenses, à planer sur le gouffre des cataractes, et, pour ainsi dire, à se trouver seule devant Dieu. *Chateaubriand.*

OIE.

Dans chaque genre, les espèces premières ont emporté tous nos éloges, et n'ont laissé aux espèces secondes que le mépris tiré de leur comparaison. L'oie, par rapport au cygne, est dans le même cas que l'âne vis-à-vis du cheval : tous deux ne sont pas prisés à leur juste valeur; le premier degré de l'infériorité paraissant être une vraie dégradation, et rappelant en même temps l'idée d'un modèle plus parfait, n'offre, au lieu des attributs réels de l'espèce secondaire, que ses contrastes désavantageux avec l'espèce première. Éloignant donc pour un moment la trop noble image du cygne, nous trouverons que l'oie est encore, dans le peuple de la basse-cour, un habitant de distinction. Sa corpulence, son port droit, sa démarche grave, son plumage net et lustré, et son naturel social qui la rend susceptible d'un fort attachement et d'une longue reconnaissance, enfin sa vigilance très-anciennement célébrée, tout concourt à nous présenter l'oie comme l'un des plus intéressans, et même des plus utiles de nos oiseaux domestiques; car, indépendamment de la bonne qualité de sa chair et de sa graisse, dont aucun autre oiseau n'est plus abondamment pourvu, l'oie nous fournit cette plume délicate sur laquelle la mollesse se plaît à reposer, et cette autre plume, instrument de nos pensées, et avec laquelle nous écrivons ici son éloge.

Buffon.

OISEAU-MOUCHE.

De tous les êtres animés, voici le plus élégant pour la forme, et le plus brillant pour les couleurs. Les pierres et les métaux polis par notre art ne sont pas comparables à ce bijou de la nature; elle l'a placé, dans l'ordre des oiseaux, au dernier degré de l'échelle de grandeur : *maximè miranda in minimis*. Son chef-d'œuvre est le petit oiseau-mouche; elle l'a comblé de tous les dons qu'elle n'a fait que partager aux autres oiseaux : légèreté, rapidité, prestesse, grâce, et riche parure, tout appartient à ce petit favori. L'émeraude,

1. Oiseau mouche à crête – 2. Oiseau mouche brun (petit)
3. Oiseau mouche à longue et à tête noire – 4. Oiseau mouche à longue queue rouge.

le rubis, la topaze, brillent sur ses habits; il ne les souille jamais de la poussière de la terre, et, dans sa vie tout aérienne, on le voit à peine toucher le gazon par instans : il est toujours en l'air, volant de fleurs en fleurs; il a leur fraîcheur comme il a leur éclat; il vit de leur nectar, et n'habite que les climats où sans cesse elles se renouvellent.

C'est dans les contrées les plus chaudes du nouveau monde que se trouvent toutes les espèces d'oiseaux-mouches. Elles sont assez nombreuses, et paraissent confinées entre les deux tropiques; car ceux qui s'avancent en été dans les zones tempérées n'y font qu'un court séjour : ils semblent suivre le soleil, s'avancer, se retirer avec lui, et voler sur l'aile des zéphirs à la suite d'un printemps éternel.

Rien n'égale la vivacité de ces petits oiseaux, si ce n'est leur courage, ou plutôt leur audace : on les voit poursuivre avec furie des oiseaux vingt fois plus gros qu'eux, s'attacher à leur corps, et, se laissant emporter par leur vol, les béqueter à coups redoublés, jusqu'à ce qu'ils aient assouvi leur petite colère. Quelquefois même ils se livrent entre eux de très-vifs combats; l'impatience paraît être leur âme : s'ils s'approchent d'une fleur, et qu'ils la trouvent fanée, ils lui arrachent les pétales avec une précipitation qui marque leur dépit; ils n'ont point d'autre voix qu'un petit cri, *screp, screp*, fréquent et répété; ils le font entendre dans les bois dès l'aurore, jusqu'à ce qu'aux premiers rayons du soleil tous prennent l'essor et se dispersent dans les campagnes.

Buffon.

OISEAUX.

L'INSTINCT social n'est pas donné à toutes les espèces d'oiseaux; mais dans celles où il se manifeste, il est plus grand, plus décidé que dans les autres animaux. Non-seulement leurs attroupemens sont plus nombreux, et leur réunion plus constante que celle des quadrupèdes, mais il semble que ce n'est qu'aux oiseaux seuls qu'appartient cette communauté de goûts, de projets, de plaisirs, et cette union des volontés qui fait le lien de l'attachement mutuel, et le motif de la liaison générale. Cette supériorité d'instinct social dans les oiseaux

B. R

Bélier à quatre cornes (le) — 2. Oiseau rouge (l')
2. Rouge-gorge bleu (le)

suppose d'abord une nombreuse multiplication, et vient ensuite de ce qu'ils ont plus de moyens et de facilités de se rapprocher, de se rejoindre, de demeurer et voyager ensemble; ce qui les met à portée de s'entendre et de se communiquer assez d'intelligence pour connaître les premières lois de la société, qui, dans toute espèce d'êtres, ne peut s'établir que sur un plan dirigé par des vues concertées. C'est cette intelligence qui produit entre les individus l'affection, la confiance, et les douces habitudes de l'union, de la paix, et de tous les biens qu'elles procurent. En effet, si nous considérons les sociétés libres ou forcées des animaux quadrupèdes, soit qu'ils se réunissent furtivement et à l'écart dans l'état sauvage, soit qu'ils se trouvent rassemblés avec indifférence ou regret sous l'empire de l'homme, et attroupés en domestiques ou en esclaves, nous ne pourrons les comparer aux grandes sociétés des oiseaux formées par pur instinct, entretenues par goût, par affection, sous les auspices de la pleine liberté. Nous avons vu les pigeons chérir leur commun domicile, et s'y plaire d'autant plus qu'ils y sont plus nombreux; nous voyons les cailles se rassembler, se reconnaître, donner et suivre l'avis général du départ; nous savons que les oiseaux gallinacés ont, même dans l'état sauvage, des habitudes sociales que la domesticité n'a fait que seconder, sans contraindre leur nature; enfin nous voyons tous les oiseaux qui sont écartés dans les bois, ou dispersés dans les champs, s'attrouper à l'arrière-saison; et, après avoir égayé de leurs jeux les derniers beaux jours de l'automne, partir de concert pour aller chercher ensemble des climats plus heureux et des hivers tempérés; et tout cela s'exécute indépendamment de l'homme, quoique alentour de lui, et sans qu'il puisse y mettre obstacle; au lieu qu'il anéantit ou contraint toute société, toute volonté commune dans les animaux quadrupèdes : en les désunissant il les a dispersés. La marmotte, sociale par instinct, se trouve reléguée, solitaire, à la cime des montagnes; le castor encore plus aimant, plus uni, et presque policé, a été repoussé dans le fond des déserts. L'homme a détruit ou prévenu toute société entre les animaux; il a éteint celle du cheval, en soumettant l'espèce entière au frein; il a gêné celle même de l'éléphant, malgré la puissance et la force de ce géant des animaux. Les oiseaux seuls ont échappé à la domination du tyran; il n'a rien pu sur leur société, qui est aussi libre que l'empire de l'air; toutes ses atteintes ne peuvent porter que sur la vie des individus : il en diminue le nombre; mais l'espèce ne souffre que cet échec, et ne perd ni la liberté, ni son instinct, ni ses mœurs. Il y a même des oiseaux que nous ne connaissons que par les effets de cet instinct social, et que nous ne voyons que dans les momens de l'attroupement général et de leur réunion en grande compagnie. Telle est, en général, la société de la plupart des espèces d'oiseaux d'eau.

Le genre de vie, les habitudes et les mœurs dans les animaux ne sont pas aussi libres qu'on pourrait l'imaginer : leur conduite n'est pas le produit d'une pure liberté de volonté, ni même un résultat de choix, mais un effet nécessaire qui dérive de la conformation, de l'organisation et de l'exercice de leurs facultés physiques. Déterminés et fixés chacun à la manière de vivre que cette nécessité leur impose et prescrit, nul ne cherche à l'enfreindre, ne peut s'en écarter : c'est par cette nécessité, tout aussi variée que leurs formes, que se sont trouvés peuplés tous les districts de la nature. L'aigle ne quitte point ses rochers, ni le héron ses rivages : l'un fond du haut des airs sur l'agneau, qu'il enlève ou déchire par le seul droit que lui donne la force de ses armes, et par l'usage qu'il fait de ses serres cruelles; l'autre, le pied dans la fange, attend, à l'ordre du besoin, le passage de la proie fugitive. Le pic n'abandonne jamais la tige des arbres, alentour de laquelle il lui est ordonné de ramper; la barge doit rester dans ses marais, l'alouette dans ses sillons, la fauvette dans ses bocages; et ne voyons-nous pas tous les oiseaux granivores chercher les pays habités et suivre nos cultures, tandis que ceux qui préfèrent à nos grains les fruits sauvages et les baies, constans à nous fuir, ne quittent pas les bois et les lieux escarpés des montagnes, où ils vivent loin de nous, et seuls avec la nature, qui d'avance leur a dicté ses lois et donné les moyens de les exécuter. Elle retient la gelinotte sous l'ombre épaisse des sapins;

le merle solitaire sur son rocher ; le loriot dans les forêts, dont il fait retentir les échos, tandis que l'outarde va chercher les friches arides, et le râle les humides prairies. Ces lois de la nature sont des décrets éternels, immuables, aussi constans que la forme des êtres ; ce sont ces grandes et vraies propriétés qu'elle n'abandonne ni ne cède jamais, même dans les choses que nous croyons nous être appropriées ; car, de quelque manière que nous les ayons acquises, elle n'en restent pas moins sous son empire : et n'est-ce pas pour le démontrer qu'elle nous a chargés de loger des hôtes importuns et nuisibles, les rats dans nos maisons, l'hirondelle sous nos fenêtres, le moineau sur nos toits ? Et lorsqu'elle amène la cigogne au haut de nos vieilles tours en ruine, où s'est déjà cachée la triste famille des oiseaux de nuit, ne semble-t-elle pas se hâter de reprendre sur nous des possessions usurpées pour un temps, mais qu'elle a chargé la main sûre des siècles de lui rendre ?

Ainsi les espèces nombreuses et diverses des oiseaux, portées par leur instinct, et fixées par leurs besoins dans les différens districts de la nature, se partagent pour ainsi dire, les airs, la terre et les eaux; chacune y tient sa place, et y jouit de son petit domaine et des moyens de subsistance que l'étendue ou le défaut de ses facultés restreint ou multiplie. Et comme tous les degrés de l'échelle des êtres, tous les points de l'existence possible doivent être remplis, quelques espèces, bornées à une seule manière de vivre, réduites à un seul moyen de subsister, ne peuvent varier l'usage des instrumens imparfaits qu'ils tiennent de la nature : c'est ainsi que les cuillers arrondies du bec de la spatule paraissent uniquement propres à ramasser les coquillages; que la petite lanière flexible et l'arc rebroussé du bec de l'avocette, la réduisent à vivre d'un aliment aussi mou que le frai des poissons; que l'huîtrier n'a son bec en hache que pour ouvrir les écailles, d'entre lesquelles il tire sa pâture, et que le bec-croisé pourrait à peine se servir de sa pince brisée, s'il ne savait l'appliquer pour soulever l'enveloppe en écaille qui recèle la graine des sapins; enfin, que l'oiseau nommé *bec-en-ciseaux* ne peut ni mordre de côté, ni ramasser

T. II P. 95.

B.R.

1. Secrétaire (le) — 2. Mangeur de Serpents (le).
3. Requin tachetée.

devant soi, ni béqueter en avant, son bec étant composé de deux pièces excessivement inégales, dont la mandibule inférieure, allongée et avancée hors de toute proportion, dépasse de beaucoup la supérieure, qui ne fait que tomber sur celle-ci, comme un rasoir sur son manche.

LES OISEAUX DE PROIE NOCTURNES.

Les yeux de ces oiseaux sont d'une sensibilité si grande, qu'ils paraissent être éblouis par la clarté du jour, et entièrement offusqués par les rayons du soleil, il leur faut une lumière plus douce, telle que celle de l'aurore naissante ou du crépuscule tombant : c'est alors qu'ils sortent de leurs retraites pour chasser, ou plutôt pour chercher leur proie, et ils font cette quête avec grand avantage; car ils trouvent dans ce temps les autres oiseaux et les petits animaux endormis, ou prêts à l'être. Les nuits où la lune brille sont pour eux les beaux jours, les jours de plaisir, les jours d'abondance, pendant lesquels ils chassent plusieurs heures de suite, et se pourvoient d'amples provisions : les nuits où la lune fait défaut sont beaucoup moins heureuses; ils n'ont guère qu'une heure le soir et une heure le matin pour chercher leur subsistance : car il ne faut pas croire que la vue de ces oiseaux, qui s'exerce si parfaitement à une faible lumière, puisse se passer de toute lumière, et qu'elle perce en effet dans l'obscurité la plus profonde : dès que la nuit est bien close, ils cessent de voir, et ne diffèrent pas à cet égard des autres animaux, tels que les lièvres, les loups, les cerfs, qui sortent le soir des bois pour repaître ou chasser pendant la nuit : seulement ces animaux voient encore mieux le jour que la nuit; au lieu que la vue des oiseaux nocturnes est si fort offusquée pendant le jour, qu'ils sont obligés de se tenir dans le même lieu sans bouger, et que, quand on les force à en sortir, ils ne peuvent faire que de très-petites courses, des vols courts et lents, de peur de se heurter : les autres oiseaux, qui s'aperçoivent de leur crainte ou de la gêne de leur situation, viennent à l'envi les insulter;

B.R

1. Butor (le) — 2. Buffle — 3. Cigogne.

les mésanges, les pinçons, les rouge-gorges, les merles, les geais, les grives, etc., arrivent à la file : l'oiseau de nuit, perché sur une branche, immobile, étonné, entend leurs mouvemens; leurs cris qui redoublent sans cesse, parce qu'il n'y répond que par des gestes bas, en tournant sa tête, ses yeux et son corps d'un air ridicule; il se laisse même assaillir et frapper sans se défendre; les plus petits, les plus faibles de ses ennemis, sont les plus ardens à le tourmenter, les plus opiniâtres à le huer.

LES OISEAUX AQUATIQUES.

L'homme, si fier de son domaine, et qui en effet commande en maître sur la terre qu'il habite, est à peine connu dans une grande partie du vaste empire de la nature; il trouve sur les mers des ennemis au-dessus de ses forces, des obstacles plus puissans que son art, et des périls plus grands que son courage : ces barrières du monde qu'il a osé franchir sont les écueils où se brise son audace, où tous les élémens conjurés contre lui conspirent à sa perte, où la nature en un mot veut régner seule sur un domaine qu'il s'efforce vainement d'usurper; aussi n'y paraît-il qu'en fugitif plutôt qu'en maître. S'il en trouble les habitans, si même quelques-uns d'entre eux, tombés dans ses filets ou sous les harpons, deviennent les victimes d'une main qu'ils ne connaissent pas, le plus grand nombre, à couvert au fond de ses abîmes, voit bientôt les frimas, les vents et les orages, balayer de la surface des mers ces hôtes importuns et destructeurs, qui ne peuvent que par instans troubler leur repos et leur liberté.

En effet, les animaux que la nature, avec des moyens et des facultés bien plus faibles en apparence, a rendus bien plus forts que nous contre les flots et les tempêtes, tels que la plupart des oiseaux pélagiens, ne nous connaissent pas; ils se laissent approcher, saisir même, avec une sécurité que nous appelons stupide, mais qui montre bien clairement combien l'homme est pour eux un être nouveau, étranger, inconnu, et qui témoigne de la pleine et entière liberté dont jouit l'espèce, loin du maître qui fait sentir son pouvoir à tout ce qui respire près de lui.

Les oiseaux d'eau sont les seuls qui réunissent à la jouissance de l'air et de la terre la possession de la mer; de nombreuses espèces, toutes très-multipliées, en peuplent les rivages et les plaines; ils voguent sur les flots avec autant d'aisance et plus de sécurité qu'ils ne volent dans leur élément naturel; partout ils y trouvent une subsistance abondante, une proie qui ne peut les fuir; et, pour la saisir, les uns fendent les ondes et s'y plongent, d'autres ne font que les effleurer en rasant leur surface par un vol rapide, ou mesuré sur la distance et la quantité des victimes. Tous s'établissent sur cet élément mobile comme dans un domicile fixe; ils s'y rassemblent en grande société, et vivent tranquillement au milieu des orages; ils semblent même se jouer avec les vagues, lutter contre les vents, et s'exposer aux tempêtes, sans les redouter ni subir de naufrage.

Ils ne quittent qu'avec peine ce domicile de choix, et seulement dans le temps que le soin de leur progéniture, en les attachant au rivage, ne leur permet plus de fréquenter la mer que par instans; car, dès que leurs petits sont éclos, ils les conduisent à ce séjour chéri, que ceux-ci chériront bientôt eux-mêmes, comme plus convenable à leur nature que celui de la terre. En effet, ils peuvent y rester autant qu'il leur plaît, sans être pénétrés de l'humidité, et sans rien perdre de leur agilité, puisque leur corps, mollement porté, se repose même en nageant, et reprend bientôt les forces épuisées par le vol. La longue obscurité des nuits, ou la continuité des tourmentes, sont les seules contrariétés qu'ils éprouvent, et qui les obligent à quitter la mer par intervalles. Ils servent alors d'avant-coureurs, ou plutôt de signaux aux voyageurs, en leur annonçant que les terres sont prochaines. Néanmoins cet indice est souvent incertain; plusieurs de ces oiseaux se portent en mer quelquefois si loin, que M. Cook conseille de ne point regarder leur apparition comme une indication certaine du voisinage de la terre; et tout ce que l'on peut conclure de l'observation des navigateurs, c'est que la plupart de ces oiseaux ne retournent pas chaque nuit au rivage, et que quand il leur faut, pour le trajet ou le retour, quelques points de repos, ils les trouvent sur les écueils, ou même les prennent sur les eaux de la mer.

La forme du corps et des membres de ces oiseaux indique assez qu'ils sont navigateurs nés, et habitans naturels de l'élément liquide : leur corps est arqué et bombé comme la carène d'un vaisseau, et c'est peut-être sur cette figure que l'homme a tracé celle de ses premiers navires; leur cou, relevé sur une poitrine saillante, en représente assez bien la proue; leur queue, courte et toute rassemblée en un seul faisceau, sert de gouvernail ; leurs pieds larges et palmés font l'office de véritables rames; le duvet épais et lustré d'huile qui revêt tout le corps est un goudron naturel qui le rend impénétrable à l'humidité, en même temps qu'il le fait flotter plus légèrement à la surface des eaux. Et ceci n'est encore qu'un aperçu des facultés que la nature a données à ces oiseaux pour la navigation; leurs habitudes naturelles sont conformes à ces facultés; leurs mœurs y sont assorties : ils ne se plaisent nulle part autant que sur l'eau; ils semblent craindre de se poser à terre; la moindre aspérité du sol blesse leurs pieds, ramollis par l'habitude de ne presser qu'une surface humide : enfin l'eau est pour eux un lieu de repos et de plaisirs, où tous leurs mouvemens s'exécutent avec facilité, où toutes leurs fonctions se font avec aisance, où leurs différentes évolutions se tracent avec grâce. Voyez ces cygnes nager avec mollesse ou cingler sur l'onde avec majesté ; ils s'y jouent, s'ébattent, y plongent, et reparaissent avec les mouvemens les plus agréables et les plus douces ondulations ; aussi le cygne est-il l'emblème de la grâce, premier trait qui nous frappe, même avant ceux de la beauté.

La vie de l'oiseau aquatique est donc plus paisible et moins pénible que celle de la plupart des autres oiseaux; il emploie beaucoup moins de forces pour nager que les autres n'en dépensent pour voler. L'élément qu'il habite lui offre à chaque instant sa subsistance ; il la rencontre plus qu'il ne la cherche, et souvent le mouvement de l'onde l'amène à sa portée; il la prend sans fatigue, comme il l'a trouvée sans peine ni travail; et

1. Gerboa d'Egypte _ 2. Martin-pêcheur.
3. Grande Veuve (la)

R.R

cette vie plus douce lui donne en même temps des mœurs plus innocentes et des habitudes pacifiques. Chaque espèce se rassemble par le sentiment d'un amour mutuel; nul des oiseaux d'eau n'attaque son semblable, nul ne fait sa victime d'aucun autre oiseau; et dans cette grande et tranquille nation, on ne voit point le plus fort inquiéter le plus faible : bien différens de ces tyrans de l'air et de la terre qui ne parcourent leur empire que pour le dévaster, et qui, toujours en guerre avec leurs semblables, ne cherchent qu'à les détruire, le peuple ailé des eaux, partout en paix avec lui-même, ne s'est jamais souillé du sang de son espèce; respectant même le genre entier des oiseaux, il se contente d'une chair moins noble, et n'emploie sa force et ses armes que contre le genre abject des reptiles, et le genre muet des poissons.

Buffon.

ONCE.

La plupart des voyageurs conviennent que l'once s'apprivoise aisément, qu'on le dresse à la chasse, et qu'on s'en sert à cet usage en Perse et dans plusieurs autres provinces de l'Asie; qu'il y a des onces assez petits pour qu'un cavalier puisse les porter en croupe; qu'ils sont assez doux pour se laisser manier et caresser avec la main. La panthère paraît être d'une nature plus fière et moins flexible; on la dompte plutôt qu'on ne l'apprivoise; jamais elle ne perd en entier son caractère féroce, et lorsqu'on veut s'en servir pour la chasse, il faut beaucoup de soins pour la dresser, et encore plus de précautions pour la conduire et l'exercer. On la mène sur une charette, enfermée dans une cage dont on lui ouvre la porte lorsque le gibier paraît; elle s'élance vers la bête, l'atteint ordinairement en trois ou quatre sauts, la terrasse, et l'étrangle; mais si elle manque son coup, elle devient furieuse, et se jette quelquefois sur son maître, qui d'ordinaire prévient ce danger en portant avec lui des morceaux de viande ou des animaux vivans, comme des agneaux, des chevreaux, dont il lui en jette un pour calmer sa fureur. *Buffon.*

ORAGE.

On voit à l'horizon, de deux points opposés,
Des nuages monter dans les airs embrasés;
On les voit s'épaissir, s'élever et s'étendre.
D'un tonnerre éloigné le bruit s'est fait entendre:
Les flots en ont frémi, l'air en est ébranlé,
Et le long du vallon le feuillage a tremblé.
Les monts ont prolongé le lugubre murmure,
Dont le son lent et sourd attriste la nature.
Il succède à ce bruit un calme plein d'horreur,
Et la terre en silence attend dans la terreur.
Des monts et des rochers le vaste amphithéâtre
Disparaît tout à coup sous un voile grisâtre;
Le nuage élargi les couvre de ses flancs;
Il pèse sur les airs tranquilles et brûlans.
Mais des traits enflammés ont sillonné la nue,
Et la foudre, en grondant, roule dans l'étendue;
Elle redouble, vole, éclate dans les airs;
Leur nuit est plus profonde, et de vastes éclairs
En font sortir sans cesse un jour pâle et livide.
Du couchant ténébreux s'élance un vent rapide
Qui tourne sur la plaine, et, rasant les sillons,

Enlève un sable noir qui roule en tourbillons.
Ce nuage nouveau, ce torrent de poussière,
Dérobe à la campagne un reste de lumière.
La peur, l'airain sonnant, dans les temples sacrés
Font entrer à grands flots les peuples égarés.
Grand Dieu ! vois à tes pieds leur foule consternée
Te demander le prix des travaux de l'année.
Hélas, d'un ciel en feu les globules glacés
Écrasent en tombant les épis renversés ;
Le tonnerre et les vents déchirent les nuages.
Le fermier de ses champs contemple les ravages,
Et presse dans ses bras ses enfans effrayés.
La foudre éclate, tombe ; et des monts foudroyés
Descendent à grand bruit les graviers et les ondes,
Qui courent en torrens sur les plaines fécondes.
O récolte ! ô moissons ! tout périt sans retour :
L'ouvrage de l'année est détruit dans un jour.

Saint-Lambert.

MÊME SUJET.

Une vapeur paraît, s'étend et s'épaissit ;
Le jour pâlit, l'air siffle, et le ciel s'obscurcit.
Dans le sein d'un nuage assemblant les tempêtes,
La main de l'Éternel les suspend sur nos têtes.
Il vient, et devant lui s'élancent les éclairs,
Son trône redoutable est au milieu des airs ;
Il abaisse les cieux, l'orage l'environne,

Les vents sont à ses pieds, la flamme le couronne.
La foudre étincelante éclate dans ses mains,
Elle part, elle frappe, elle instruit les humains.
De ses traits enflammés voyez les tours brisées,
Les rochers abattus, les forêts embrasées :
La terre est en silence, et la pâle frayeur
Des peuples consternés glace et flétrit le cœur.
De ses traits meurtriers la grêle impitoyable
Bat les tristes épis, les brise, les accable;
Tous les vents déchaînés arrachent des sillons
Les blés enveloppés de leurs noirs tourbillons ;
Les torrens en fureur des montagnes descendent ;
Les fleuves débordés dans les plaines s'étendent;
Les champs sont submergés, les épis ne sont plus;
O travaux d'une année! un jour vous a perdus.

Rosset.

OURAGAN.

L'OURAGAN est un vent furieux, le plus souvent accompagné de pluie, d'éclairs, de tonnerre, quelquefois de tremblemens de terre, et toujours des circonstances les plus terribles, les plus destructives que les vents puissent rassembler. Tout à coup, au jour vif et brillant de la zone torride, succède une nuit universelle et profonde; à la parure d'un printemps éternel, la nudité des plus tristes hivers. Des arbres aussi anciens que le monde sont déracinés, ou leurs débris dispersés; les plus solides édifices n'offrent en un moment que des décombres. Où l'œil se plaisait à regarder des coteaux riches et verdoyans, on ne voit plus que des plantations bouleversées et des cavernes hideuses. Des malheureux, dépouillés de tout, pleurent sur des cadavres ou cherchent leurs parens sous des ruines. Le bruit des eaux, des bois, de la foudre et des vents, qui tombent et se brisent contre les rochers ébranlés et fracassés, les cris et les hurlemens des hommes et des animaux, pêle-mêle emportés dans un tourbillon de sable, de pierres et de débris, tout semble annoncer les dernières convulsions et l'agonie de la nature. *Raynal.*

OURS.

L'OURS est non-seulement sauvage, mais solitaire; il fuit par instinct toute société; il s'éloigne des lieux où les hommes ont accès, il ne se trouve à son aise que dans les endroits qui appartiennent encore à la vieille nature; une

T. II. P. 108.

1

2

3.

B.F.R.

1. Ours — 2. Oiseau de Paradis — 3. Manucode.

caverne antique dans des rochers inaccessibles, une grotte formée par le temps dans le tronc d'un vieux arbre, au milieu d'une épaisse forêt, lui servent de domicile; il s'y retire seul, y passe une partie de l'hiver sans provisions, sans sortir pendant plusieurs semaines. Cependant il n'est point engourdi ni privé de sentiment, comme le loir ou la marmorte; mais comme il est naturellement gras, et qu'il l'est excessivement sur la fin de l'automne, temps auquel il se recèle, cette abondance de graisse lui fait supporter l'abstinence, et il ne sort de sa bauge que lorsqu'il se sent affamé.

La voix de l'ours est un grondement, un gros murmure, souvent mêlé d'un frémissement de dents qu'il fait surtout entendre lorsqu'on l'irrite; il est très-susceptible de colère, et sa colère tient toujours de la fureur, et souvent du caprice : quoiqu'il paraisse doux pour son maître, et même obéissant lorsqu'il est apprivoisé, il faut toujours s'en défier, et le traiter avec circonspection, surtout ne le pas frapper au bout du nez. On lui apprend à se tenir debout, à gesticuler, à danser; il semble même écouter le son des instrumens, et suivre grossièrement la mesure; mais pour lui donner cette espèce d'éducation, il faut le prendre jeune, et le contraindre pendant toute sa vie; l'ours qui a de l'âge ne s'apprivoise ni ne se contraint plus; il est naturellement intrépide; il est au moins indifférent au danger. L'ours sauvage ne se détourne pas de son chemin, ne fuit pas à l'aspect de l'homme; cependant on prétend que par un coup de sifflet on le surprend, on l'étonne au point qu'il s'arrête, et se lève sur les pieds de derrière. C'est le temps qu'il faut prendre pour le tirer, et tâcher de le tuer; car s'il n'est que blessé, il vient de furie se jeter sur le tireur, et, l'embrassant des pates de devant, il l'étoufferait s'il n'était secouru. *Buffon.*

PANTHÈRE.

La panthère que nous avons vue vivante a l'air féroce, inquiet, le regard cruel, les mouvemens brusques, et le cri semblable à celui d'un dogue en colère; elle a même la voix plus forte et plus rauque que celle d'un chien irrité; elle a la langue rude et très-rouge, les dents fortes et pointues, les ongles aigus et durs, la peau belle, d'un fauve plus ou moins foncé, semé de taches noires, arrondies en anneaux, ou réunies en forme de roses, le poil court, la queue marquée de grandes taches noires au-dessus, et des anneaux noirs et blancs vers l'extrémité. La panthère est de la taille et de la tournure d'un dogue de forte race, mais moins haute de jambes. *Buffon.*

PAON.

Si l'empire appartenait à la beauté, et non à la force, le paon serait, sans contredit, le roi des oiseaux; il n'en est point sur qui la nature ait versé ses trésors avec plus de profusion : la taille grande, le port imposant, la démarche fière, la figure noble, les proportions du corps élégantes et sveltes, tout ce qui annonce un être de distinction lui a été donné. Une aigrette mobile et légère, peinte des plus riches couleurs, orne sa tête et l'élève sans la charger : son incomparable plumage semble réunir tout ce qui flatte nos yeux dans le coloris tendre et frais des plus belles fleurs, tout ce qui les éblouit dans les reflets petillans des pierreries, tout ce qui les étonne dans l'éclat majestueux de l'arc-en-ciel; non-seulement la nature a réuni sur le plumage du paon toutes les couleurs du ciel et de la terre pour en faire le chef-d'œuvre de sa magnificence, elle les a encore mêlées, assorties, nuancées, fondues de son inimitable pinceau, et en a fait un tableau unique, où elles tirent de leur mélange avec des nuances plus sombres, et de leurs oppositions entre elles, un nouveau lustre et des effets de lumière si sublimes, que notre art ne peut ni les imiter ni les décrire.

Tel paraît à nos yeux le plumage du paon, lorsqu'il se promène paisible et seul dans un beau jour du printemps : mais s'il éprouve quelque vive émotion, toutes ses beautés se multiplient, ses yeux s'animent et prennent de l'expression, son aigrette s'agite sur sa tête, les longues plumes de sa queue déploient, en se relevant, leurs richesses éblouissantes; sa tête et son col, se renversant noblement en arrière, se dessinent avec grâce sur ce fond radieux, où la lumière du soleil se joue en mille manières, se perd et se reproduit sans cesse, et semble prendre un nouvel éclat plus doux et plus moelleux, de nouvelles couleurs plus variées et plus harmonieuses. Chaque mouvement de l'oiseau produit des milliers de nuances nouvelles, des gerbes de reflets ondoyans et fugitifs, sans cesse remplacés par d'autres reflets et d'autres nuances toujours diverses et toujours admirables.

Mais ces plumes brillantes, qui surpassent en éclat les plus belles fleurs, se flétrissent aussi comme elles, et tombent chaque année. Le paon, comme s'il sentait la honte de sa perte, craint de se faire voir dans cet état humiliant, et cherche les retraites les plus sombres pour s'y cacher à tous les yeux, jusqu'à ce qu'un nouveau printemps, lui rendant sa parure accoutumée, le ramène sur la scène pour y jouir des hommages dus à sa beauté : car on prétend qu'il en jouit en effet; qu'il est sensible à l'admiration; que le vrai moyen de l'engager à étaler ses belles plumes, c'est de lui donner des regards d'attention et des louanges; et qu'au contraire, lorsqu'on paraît le regarder froidement et sans beaucoup d'intérêt, il replie tous ses trésors et les cache à qui ne sait point les admirer. *Buffon.*

PAPILLON.

Voyez ce papillon échappé du tombeau :
Sa mort fut un sommeil, et sa tombe un berceau ;
Il brise le fourreau qui l'enchaînait dans l'ombre ;
Deux yeux paraient son front, et ses yeux sont sans n
Il se traînait à peine, il part comme l'éclair ;
Il rampait sur la terre, il voltige dans l'air ;
Il languissait sans sexe, et ses ailes légères
Portent à cent beautés ses erreurs passagères.
Que dis-je ? Dès long-temps, calomnié par nous,
Moins infidèle amant que malheureux époux,
Lui-même à son amour souvent se sacrifie,
Et son premier plaisir est payé de sa vie.
Ainsi son destin change, et passe tour à tour
De la vie au tombeau, de la tombe au grand jour.
Mais de son sort nouveau, faveur plus merveilleuse,
Sa tête, en rejetant sa dépouille écailleuse,
Dans le même cerveau garde mêmes désirs :
Il chérissait les fleurs, les fleurs sont ses plaisirs ;
Son instinct l'y ramène, et dans leur sein fidèle
Vient déposer l'espoir de sa race nouvelle.

Delille.

T. II. P. 115.

B.R

1. Pimeleptère bosquien _ 2. Pecari _ 3. Upapa

PERROQUET.

Les animaux que l'homme a le plus admirés sont ceux qui lui ont paru participer à sa nature : il s'est émerveillé toutes les fois qu'il en a vu quelques-uns faire ou contrefaire des actions humaines : le singe par la ressemblance des formes extérieures, et le perroquet par l'imitation de la parole, lui ont paru des êtres privilégiés, intermédiaires entre l'homme et la brute ; faux jugement produit par la première apparence, mais bientôt détruit par l'examen et la réflexion. Les sauvages, très-insensibles au grand spectacle de la nature, très-indifférens pour toutes ses merveilles, n'ont été saisis d'étonnement qu'à la vue des perroquets et des singes ; ce sont les seuls animaux qui aient fixé leur stupide attention. Ils arrêtent leur canots pendant des heures entières pour considérer les cabrioles des sapajous, et les perroquets sont les seuls oiseaux qu'ils se fassent un plaisir de nourrir, d'élever, et qu'ils aient pris la peine de chercher à perfectionner ; car ils ont trouvé le petit art, encore inconnu parmi nous, de varier et de rendre plus riches les belles couleurs qui parent le plumage de ces oiseaux.

L'usage de la main, la marche à deux pieds, la ressemblance, quoique grossière, de la face, etc., ont fait donner au singe le nom d'*homme sauvage* par des hommes à la vérité qui l'étaient à demi, et qui ne savaient comparer que les rapports extérieurs. Que serait-ce si, par une combinaison de nature aussi possible que tout autre, le singe eût eu la voix du perroquet, et, comme lui, la faculté de la parole! Le singe, parlant, eût rendu muette d'étonnement l'espèce humaine entière, et l'aurait séduite au point que le philosophe aurait eu grande peine à démontrer qu'avec tous ces beaux attributs humains, le singe n'en était pas moins une bête. Il est donc heureux pour notre intelligence, que la nature ait séparé et placé dans deux espèces très-différentes l'imitation de la parole et celle de nos gestes, et qu'ayant doué tous les animaux des mêmes sens, et quelques-uns d'entre eux de membres et d'organes semblables à ceux de l'homme, elle lui ait réservé la faculté de se perfectionner ; caractère unique et glorieux qui seul fait notre prééminence, et constitue l'empire de l'homme sur tous les autres êtres : car il faut distinguer deux genres de perfectibilité ; l'un stérile, et qui se borne à l'éducation de l'individu ; et l'autre fécond, qui se répand sur toute l'espèce, et qui s'étend autant qu'on le cultive par les institutions de la société. Aucun des animaux n'est susceptible de cette perfectibilité d'espèce ; ils ne sont aujourd'hui que ce qu'ils ont été, que ce qu'ils seront toujours et jamais rien de plus, parce que leur éducation étant purement individuelle, ils ne peuvent transmettre à leurs petits que ce qu'ils ont eux-mêmes reçu de leurs père et mère, au lieu que l'homme reçoit l'éducation de tous les siècles, recueille toutes les institutions des autres hommes, et peut, par un sage emploi du temps, profiter de tous les instans de la durée de son espèce pour la perfectionner toujours de plus en plus. Aussi quel regret ne devons-nous pas avoir à ces âges funestes où la barbarie a non-seulement arrêté nos progrès, mais nous a fait reculer au point d'imperfection d'où nous étions partis? Sans ces malheureuses vicissitudes, l'espèce humaine eût marché et marcherait encore constamment vers cette perfection glorieuse, qui est le plus beau titre de sa supériorité, et qui seule peut faire son bonheur.

Mais l'homme purement sauvage qui se refuserait à toute société, ne recevant qu'une éducation individuelle, ne pourrait perfectionner son espèce, et ne serait pas différent, même pour l'intelligence, de ces animaux auxquels on a donné son nom; il n'aurait pas même la parole, s'il fuyait sa famille et abandonnait ses enfans peu de temps après leur naissance. C'est donc à la tendresse des mères que sont dus les premiers germes de la société; c'est à leur constante sollicitude et aux soins assidus de leur tendre affection qu'est dû le développement de ces germes précieux : la faiblesse de l'enfant exige des attentions continuelles, et produit la nécessité de cette durée d'affection, pendant laquelle les cris du besoin et les réponses de la tendresse commencent à former une langue dont les expressions deviennent constantes et l'intelligence réciproque, par la répétition de deux ou trois ans d'exercice mutuel; tandis que dans les animaux, dont l'accroissement est bien plus prompt, les signes respectifs de besoins et de secours, ne se répétant que pendant six semaines ou deux mois, ne peuvent faire que des impressions légères, fugitives, et qui s'évanouissent au moment que le jeune animal se sépare de sa mère. Il ne peut donc y avoir de langue, soit de paroles, soit par signes, que dans l'espèce humaine, par cette seule raison que nous venons d'exposer; car l'on ne doit pas attribuer à la structure particulière de nos organes la formation de notre parole, dès que le perroquet peut la prononcer comme l'homme : mais jaser n'est pas parler, et les paroles ne font langue que quand elles expriment l'intelligence et qu'elles peuvent la communiquer. Or, ces oiseaux, auxquels rien ne manque pour la facilité de la parole, manquent de cette expression de l'intelligence qui seule fait la haute faculté du langage; ils en sont privés comme tous les autres animaux, et par les mêmes causes, c'est-à-dire par leur prompt accroissement dans le premier âge, par la courte durée de leur société avec leurs parens, dont les soins se bornent à l'éducation corporelle, et ne se répètent ni ne se continuent assez de temps pour faire des impressions durables et réciproques, ni même assez pour établir l'union d'une famille constante, premier degré de toute société, et source unique de toute intelligence.

La faculté de l'imitation de la parole ou de nos gestes ne donne donc aucune prééminence aux animaux qui sont doués de cette apparence de talent naturel. Le singe qui gesticule, le perroquet qui répète nos mots, n'en sont pas plus en état de croître en intelligence et de perfectionner leur espèce : ce talent se borne, dans le perroquet, à le rendre plus intéressant pour nous, mais ne suppose en lui aucune supériorité sur les autres oiseaux, sinon qu'ayant plus éminemment qu'aucun d'eux cette facilité d'imiter la parole, il doit avoir le sens de l'ouïe et les organes de la voix plus analogues à ceux de l'homme; et ce rapport de conformité, qui dans le perroquet est au plus haut degré, se trouve à quelques nuances près dans plusieurs autres oiseaux dont la langue est épaisse, arrondie, et de la même forme à peu près que celle du perroquet : les sansonnets, les merles, les geais, les choucas, etc., peuvent imiter la parole. Ceux qui ont la langue fourchue, et ce sont presque tous nos petits oiseaux, sifflent plus aisément qu'ils ne jasent. Enfin ceux dans lesquels cette organisation propre à siffler se trouve réunie avec la sensibilité de l'oreille et la réminiscence des sensations reçues par cet organe, apprennent aisément à répéter des airs, c'est-à-dire à siffler en musique : le serin, la linotte, le tarin, le bouvreuil, semblent être naturellement musiciens. Le perroquet, soit par imperfection d'organes ou défaut de mémoire, ne fait entendre que des cris ou des phrases très-courtes, et ne peut ni chanter ni répéter des airs modulés : néanmoins il imite tous les bruits qu'il entend, le miaulement du chat, l'aboiement du chien et les cris des oiseaux, aussi facilement qu'il contrefait la parole. Il peut donc exprimer et même articuler les sons, mais non les moduler ni les soutenir par des expressions cadencées; ce qui prouve qu'il a moins de mémoire, moins de flexibilité dans les organes; et le gosier aussi sec, aussi agreste, que les oiseaux chanteurs l'ont moelleux et tendre.

D'ailleurs il faut distinguer aussi deux sortes d'imitation : l'une réfléchie ou sentie, et l'autre machinale et sans intention; la première acquise, et la seconde pour ainsi dire innée. L'une n'est que le résultat de l'instinct commun répandu dans l'espèce entière, et ne consiste que dans la similitude des mouvemens et des opérations de chaque individu, qui tous semblent être induits ou contraints à faire les mêmes choses; plus ils sont stupides, plus cette imitation tracée dans l'espèce est parfaite : un mouton ne fait et ne fera jamais que ce qu'ont fait et font tous les autres moutons; la première cellule d'une abeille ressemble à la dernière. L'espèce entière n'a pas plus d'intelligence qu'un seul individu, et c'est en cela que consiste la différence de l'esprit à l'instinct : ainsi l'imitation naturelle n'est dans chaque espèce qu'un résultat de similitude, une nécessité d'autant moins intelligente et plus aveugle, qu'elle est plus également répartie. L'autre imitation, qu'on doit regarder comme artificielle, ne peut ni se répartir ni se communiquer à l'espèce; elle n'appartient qu'à l'individu qui la reçoit, qui la possède sans pouvoir la donner · le perroquet le mieux instruit ne transmettra pas le talent de la parole à ses petits. Toute imitation communiquée aux animaux par l'art et par les soins de l'homme reste dans l'individu qui en a reçu l'empreinte; et quoique cette imitation soit, comme la première, entièrement dépendante de l'organisation, cependant elle suppose des facultés particulières qui semblent tenir à l'intelligence, telles que la sensibilité, l'attention, la mémoire; en sorte que les animaux qui sont capables de cette imitation, et qui peuvent recevoir des impressions durables et quelques traits d'éducation de la part de l'homme, sont des espèces distinguées dans l'ordre des êtres organisés; et si cette éducation est facile, et que l'homme puisse la donner aisément à tous les individus, l'espèce, comme celle du chien, devient réellement supérieure aux autres espèces d'animaux, tant qu'elle conserve ses relations avec l'homme; car le chien abandonné à sa seule nature retombe au niveau du renard ou du loup, et ne peut de lui-même s'élever au-dessus.

Nous pouvons donc ennoblir tous les êtres en nous approchant d'eux; mais nous n'apprendrons jamais aux animaux à se perfectionner d'eux-mêmes. Chaque individu peut emprunter de nous sans que l'espèce en profite, et c'est toujours faute d'intelligence entre eux; aucun ne peut communiquer aux autres ce qu'il a reçu de nous : mais tous sont à peu près également susceptibles d'éducation individuelle; car, quoique les oiseaux, par les proportions du corps et par la forme de leurs membres, soient très-différens des animaux quadrupèdes, nous verrons néanmoins que, comme ils ont les mêmes sens, ils sont susceptibles des mêmes degrés d'éducation. On apprend aux *agamis* à faire à peu près tout ce que font nos chiens : un serin bien élevé marque son affection par des caresses aussi vives, plus innocentes et moins fausses que celles du chat. Nous avons des exemples frappans de ce que peut l'éducation sur les oiseaux de proie, qui de tous paraissent être les plus farouches et les plus difficiles à dompter. On connaît en Asie le petit art d'instruire le pigeon à porter et rapporter des billets à cent lieues de distance. L'art plus grand et mieux connu de la fauconnerie nous démontre qu'en dirigeant l'instinct naturel des oiseaux, on peut le perfectionner autant que celui des autres animaux. Tout me semble prouver que, si l'homme voulait donner autant de temps et de soins à l'éducation d'un oiseau, ou de tout autre animal, qu'on en donne à celle d'un enfant, ils feraient par imitation tout ce que celui-ci fait par intelligence; la seule différence serait dans le produit : l'intelligence, toujours féconde, se communique et s'étend à l'espèce entière, toujours en augmentant, au lieu que l'imitation, nécessairement stérile, ne peut ni s'étendre, ni même se transmettre par ceux qui l'ont reçue.

Et cette éducation par laquelle nous rendons les animaux, les oiseaux, plus utiles ou plus aimables pour nous, semble les rendre odieux à tous les autres, et surtout à ceux de leur espèce. Dès que l'oiseau privé prend son essor et va dans la forêt, les autres s'assemblent d'abord pour l'admirer, et bientôt ils le maltraitent et le poursuivent comme s'il était d'une espèce ennemie : on vient d'en voir un exemple dans la buse. Je l'ai vu de même sur la pie, sur le geai : lorsqu'on leur donne la liberté, les sauvages de leur espèce se réunissent pour les assaillir et les chasser; ils ne les admettent dans leur compagnie que quand ces oiseaux privés ont perdu tous les signes de leur affection pour nous, et tous les caractères qui les rendaient différens de leurs frères sauvages, comme si ces mêmes caractères rappelaient à ceux-ci le sentiment de la crainte qu'ils ont de l'homme leur tyran, et la haine que méritent ses suppôts ou ses esclaves.

Au reste, les oiseaux sont de tous les êtres de la nature les plus indépendans et les plus fiers de leur liberté, parce qu'elle est plus entière et plus étendue que celle de tous les autres animaux. Comme il ne faut qu'un instant à l'oiseau pour franchir tout obstacle et s'élever au-dessus de ses ennemis, qu'il leur est supérieur par la vitesse du mouvement et par l'avantage de sa position dans un élément où ils ne peuvent atteindre, il voit tous les animaux terrestres comme des êtres lourds et rampans, attachés à la terre; il n'aurait même nulle crainte de l'homme, si la balle et la flèche ne leur avaient appris que, sans sortir de sa place, il peut atteindre, frapper, et porter la mort au loin. La nature, en donnant des ailes aux oiseaux, leur a départi les attributs de l'indépendance et les instrumens de la haute liberté : aussi n'ont-ils de patrie que le ciel qui leur convient; ils en prévoient les vicissitudes, et changent de climat en devançant les saisons; ils ne s'y établissent qu'après en avoir pressenti la température; la plupart n'arrivent que quand la douce haleine du printemps a tapissé les forêts de verdure, quand elle fait éclore les germes qui doivent les nourrir, quand ils peuvent s'établir, se gîter, se cacher sous l'ombrage, quand enfin le ciel et la terre semblent réunir leurs bienfaits pour combler leur bonheur. Cependant cette saison de plaisir devient bientôt un temps d'inquiétude; tout à l'heure ils auront à craindre ces mêmes ennemis au-dessus desquels ils planaient avec mépris : le chat sauvage, la martre, la belette, chercheront à dévorer ce qu'ils ont de plus cher; la couleuvre rampante gravira pour avaler leurs œufs et détruire leur progéniture : quelque élevé, quelque caché que puisse être leur nid, ils sauront le découvrir, l'atteindre, le dévaster; et les enfans, cette aimable portion du genre humain, mais toujours malfaisante par désœuvrement, violeront sans raison ces dépôts sacrés. Souvent la tendre mère se sacrifie dans l'espérance de sauver ses petits, elle se laisse prendre plutôt que de les abandonner. L'affection maternelle est donc un sentiment plus fort que celui de la crainte.

Ce couple heureux qui s'est réuni par choix, qui a établi de concert, et construit en commun son domicile, et prodigué les soins les plus tendres à sa famille naissante, craint à chaque instant qu'on ne la lui ravisse; et s'il parvient à l'élever, c'est alors que des ennemis encore plus redoutables viennent l'assaillir avec plus d'avantage : l'oiseau de proie arrive comme la foudre, et fond sur la famille entière ; le père et la mère sont souvent ses premières victimes, et les petits, dont les ailes ne sont pas encore assez exercées, ne peuvent lui échapper. Ces oiseaux de carnage frappent tous les autres oiseaux d'une frayeur si vive, qu'on les voit frémir à leur aspect ; ceux même qui sont en sûreté dans nos basses-cours, quelque éloigné que soit l'ennemi, tremblent au moment qu'ils l'aperçoivent ; et ceux de la campagne, saisis du même effroi, le marquent par des cris et par leur fuite précipitée vers les lieux où ils peuvent se cacher. L'état le plus libre de la nature a donc aussi ses tyrans, et malheureusement c'est à eux seuls qu'appartient cette suprême liberté dont ils abusent, et cette indépendance absolue qui les rend les plus fiers de tous les animaux. L'aigle méprise le lion et lui enlève impunément sa proie ; il tyrannise également les habitans de l'air et ceux de la terre, et il aurait peut-être envahi l'empire d'une grande portion de la nature, si les armes de l'homme ne l'eussent relégué sur le sommet des montagnes, et repoussé jusqu'aux lieux inaccessibles où il jouit encore sans trouble et sans rivalité de tous les avantages de sa domination tyrannique.

Le coup d'œil que nous venons de jeter rapidement sur les facultés des oiseaux suffit pour nous démontrer que, dans la chaîne du grand ordre des êtres, ils doivent être, après l'homme, placés au premier rang. La nature a rassemblé, concentré dans le petit volume de leur corps plus de force qu'elle n'en a départi aux grandes masses des animaux les plus puissans; elle leur a donné plus de légèreté, sans rien ôter à la solidité de leur organisation; elle leur a cédé un empire plus étendu sur les habitans de l'air, de la terre, et des eaux; elle leur a livré les pouvoirs d'une domination exclusive sur le genre entier des insectes, qui ne semblent tenir d'elle leur existence que pour maintenir et fortifier celle de leurs destructeurs, auxquels ils servent de pâture. Ils dominent de même sur les reptiles, dont ils purgent la terre sans redouter leur venin; sur les poissons, qu'ils enlèvent hors de leur élément pour les dévorer, et enfin sur les animaux quadrupèdes, dont ils font également des victimes : on a vu la buse assaillir le renard, le faucon arrêter la gazelle, l'aigle enlever la brebis, attaquer le chien comme le lièvre, les mettre à mort et les emporter dans son aire; et si nous ajoutons à toutes ces prééminences de force et de vitesse celles qui rapprochent les oiseaux de la nature de l'homme, la marche à deux pieds, l'imitation de la parole, la mémoire musicale, nous les verrons plus près de nous que leur forme extérieure ne paraît l'indiquer, en même temps que, par la prérogative unique de l'attribut des ailes, et par la prééminence du vol sur la course, nous reconnaîtrons leur supériorité sur tous les animaux terrestres.

L'espèce de société que le perroquet contracte avec nous, par le langage, est plus étroite et plus douce que celle à laquelle le singe peut prétendre par son imitation capricieuse de nos mouvemens et de nos gestes. Si celle du chien, du cheval, ou de l'éléphant sont plus intéressantes par le sentiment et par l'utilité, la société de l'oiseau parleur est quelquefois plus attachante par l'agrément : il récrée, il distrait, il amuse;

dans la solitude il est compagnie; dans la conversation il est interlocuteur; il répond, il appelle, il accueille, il jette l'éclat des ris, il exprime l'accent de l'affection, il joue la gravité de la sentence; ses petits mots tombés au hasard égaient par les disparates, ou quelquefois surprennent par la justesse. Ce jeu d'un langage sans idée a je ne sais quoi de bizarre et de grotesque, et, sans être plus vide que tant d'autres propos, il est toujours plus amusant. Avec cette imitation de nos paroles, le perroquet semble prendre quelque chose de nos inclinations et de nos mœurs : il aime et il hait; il a des attachemens, des jalousies, des préférences, des caprices; il s'admire, s'applaudit, s'encourage, il se réjouit et s'attriste; il semble s'émouvoir et s'attendrir aux caresses; il donne des baisers affectueux; dans une maison de deuil il apprend à gémir; et souvent, accoutumé à répéter le nom chéri d'une personne regrettée, il rappelle à des cœurs sensibles et leurs plaisirs et leurs chagrins. *Buffon.*

PICS.

Les animaux qui vivent des fruits de la terre sont les seuls qui entrent en société; l'abondance est la base de l'instinct social, de cette douceur de mœurs, et de cette vie paisible qui n'appartient qu'à ceux qui n'ont aucun motif de se rien disputer : ils jouissent sans trouble du riche fonds de subsistance qui les environne; et, dans ce grand banquet de la nature, l'abondance du lendemain est égale à la profusion de la veille. Les autres animaux, sans cesse occupés à pourchasser une proie qui les fuit toujours, pressés par le besoin, retenus par le danger, sans provision, sans moyens que dans leur industrie, sans aucune ressource que leur activité, ont à peine le temps de se pourvoir, et n'ont guère celui d'aimer. Telle est la condition de tous les oiseaux chasseurs; et, à l'exception de quelques lâches qui s'acharnent sur une proie morte, et s'attroupent plutôt en brigands qu'ils ne se rassemblent en amis, tous les autres se tiennent isolés et vivent solitaires : chacun est tout entier à soi, nul n'a de biens ni de sentimens à partager.

Et de tous les oiseaux que la nature force à vivre de la grande ou de la petite chasse, il n'en est aucun dont elle ait rendu la vie plus laborieuse, plus dure que celle du pic : elle l'a condamné au travail, et pour ainsi dire à la galère perpétuelle, tandis que les autres ont pour moyens la course, le vol, l'embuscade, l'attaque, exercices libres où le courage et l'adresse prévalent. Le pic, assujetti à une tâche pénible, ne peut trouver sa nourriture qu'en perçant les écorces et la fibre dure des arbres qui la recèlent ; occupé sans relâche à ce travail de nécessité, il ne connaît ni délassement ni repos; souvent même il dort et passe la nuit dans l'attitude contrainte de la besogne du jour : il ne partage pas les doux ébats des autres habitans de l'air; il n'entre point dans leurs concerts, et n'a que des cris sauvages, dont l'accent plaintif, en troublant le silence des bois, semble exprimer ses efforts et la peine. Ses mouvemens sont brusques, il a l'air inquiet, les traits et la physionomie rudes, le naturel sauvage et farouche : il fuit toute société, même celle de son semblable. *Buffon.*

PIES-GRIÈCHES.

Ces oiseaux, quoique petits, quoique délicats de corps et de membres, doivent néanmoins, par leur courage, par leur large bec, fort et crochu, et par leur appétit pour la chair, être mis au rang des oiseaux de proie, même des plus fiers et des plus sanguinaires. On est toujours étonné de voir l'intrépidité avec laquelle une petite pie-grièche combat contre les pies, les corneilles, les cresserelles, tous oiseaux beaucoup plus grands et plus forts qu'elle : non-seulement elle combat pour se défendre; mais souvent elle attaque, et toujours avec avantage, surtout lorsque le couple se réunit pour éloigner de leurs petits les oiseaux de rapine. Elles n'attendent pas qu'ils approchent; il suffit qu'ils passent à leur portée pour qu'elles aillent au-devant : elles les attaquent à grands cris, leur font des blessures cruelles, et les chassent avec tant de fureur, qu'ils fuient souvent sans oser revenir; et, dans ce combat inégal contre d'aussi grands ennemis, il est rare de les voir succomber sous la force, ou se laisser emporter; il arrive seulement qu'elles tombent quelquefois avec l'oiseau contre lequel elles se sont accrochées avec tant d'acharnement, que le combat ne finit que par la chute et la mort de tous deux : aussi les oiseaux de proie les plus braves les respectent; les milans, les buses, les corbeaux, paraissent les craindre et les fuir plutôt que les chercher. Rien dans la nature ne peint mieux la puissance et les droits du courage que de voir ce petit oiseau, qui n'est guère plus gros qu'une alouette, voler de pair avec les éperviers, les faucons, et tous les autres tyrans de l'air, sans les redouter, et chasser dans leur domaine sans craindre d'en être puni; car, quoique les pies-grièches se nourrissent communément d'insectes, elles aiment la chair de préférence : elles poursuivent au vol tous les petits oiseaux; on en a vu prendre des perdreaux et de jeunes levrauts; les grives, les merles, et les autres oiseaux pris au lacet ou

T. II. P. 137.

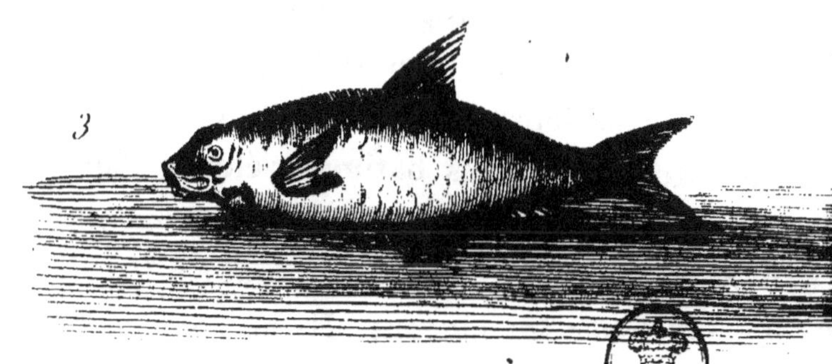

R.R

1. Pigeon Pompadour _ 2. Pic (le) 3. Sardin

au piége, deviennent leur proie la plus ordinaire; elles les saisissent avec les ongles, leur crèvent la tête avec le bec, leur serrent et déchiquètent le cou; et, après les avoir étranglés ou tués, elle les plument pour les manger, les dépecer à leur aise, et en emporter dans leur nid les débris en lambeaux.

Buffon.

PIGEON.

Il était aisé de rendre domestiques des oiseaux pesans, tels que les coqs, les dindons et les paons; mais ceux qui sont légers et dont le vol est rapide, demandaient plus d'art pour être subjugués. Une chaumière basse dans un terrain clos suffit pour contenir, élever et faire multiplier nos volailles : il faut des tours, des bâtimens élevés, faits exprès, bien enduits en dehors, et garnis en dedans de nombreuses cellules, pour attirer, retenir et loger les pigeons. Ils ne sont réellement ni domestiques comme les chiens et les chevaux, ni prisonniers comme les poules; ce sont plutôt des captifs volontaires, des hôtes fugitifs, qui ne se tiennent dans le logement qu'on leur offre qu'autant qu'ils s'y plaisent, autant qu'ils y trouvent la nourriture abondante, le gîte agréable, et toutes les commodités, toutes les aisances nécessaires à la vie. Pour peu que quelque chose leur manque ou leur déplaise, ils quittent et se dispersent pour aller ailleurs : il y en a même qui préfèrent constamment les trous poudreux des vieilles murailles aux boulins les plus propres de nos colombiers; d'autres qui se gîtent dans des fentes et des creux d'arbres; d'autres qui semblent fuir nos habitations, et que rien ne peut y attirer, tandis qu'on en voit au contraire qui n'osent les quitter, et qu'il faut nourrir autour de leur volière, qu'ils n'abandonnent jamais.

Buffon.

POULE.

Cette mère qui a montré tant d'ardeur pour couver, qui a couvé avec tant d'assiduité, qui a soigné avec tant d'intérêt des embryons qui n'existaient point encore pour elle, ne se refroidit pas lorsque ses poussins sont éclos; son attachement, fortifié par la vue de ces petits êtres qui lui doivent la naissance, s'accroît encore tous les jours par les nouveaux soins qu'exige leur faiblesse : sans cesse occupée d'eux, elle ne cherche de la nourriture que pour eux; si elle n'en trouve point, elle gratte la terre avec ses ongles pour lui arracher les alimens qu'elle recèle dans son sein, et elle s'en prive en leur faveur; elle les rappelle lorsqu'ils s'égarent, les met sous ses ailes à l'abri des intempéries, et les couve une seconde fois; elle se livre à ces tendres soins avec tant d'ardeur et de souci, que sa constitution en est sensiblement altérée, et qu'il est facile de distinguer de toute autre poule une mère qui mène ses petits, soit à ses plumes hérissées et a ses ailes traînantes, soit au son enroué de sa voix, et à ses différentes inflexions toutes expressives, et ayant toutes une forte empreinte de sollicitude et d'affection maternelle.

Mais si elle s'oublie elle-même pour conserver ses petits, elle s'expose à tout pour les défendre : paraît-il un épervier dans l'air, cette mère si faible, si timide, et qui, en toute autre circonstance chercherait son salut dans la fuite, devient intrépide par tendresse; elle s'élance au devant de la serre redoutable, et, par ses cris redoublés, ses battemens d'ailes et son audace, elle en impose souvent à l'oiseau carnassier, qui, rebuté d'une résistance imprévue, s'éloigne et va chercher une proie plus facile. Elle paraît avoir toutes les qualités du bon cœur; mais ce qui ne fait pas autant d'honneur au surplus de son instinct, c'est que, si par hasard on lui a donné à couver des œufs de cane ou de tout autre oiseau de rivière, son affection n'est pas moindre pour ces étrangers qu'elle le serait pour ses propres poussins; elle ne voit pas qu'elle n'est que leur nourrice ou leur *bonne*, et non pas leur mère; et lorsqu'ils vont, guidés par la nature, s'ébattre ou se plonger dans la rivière voisine, c'est un spectacle singulier de voir la surprise, les inquiétudes, les transes de cette pauvre nourrice, qui se croit encore mère, et qui, pressée du désir de les suivre au milieu des eaux, mais retenue par une répugnance invincible pour cet élément, s'agite, incertaine sur le rivage, tremble et se désole, voyant toute sa couvée dans un péril évident, sans oser lui donner de secours. *Buffon.*

PRINTEMPS.

Printemps chéri! doux matin de l'année,
Console-nous de l'ennui des hivers;
Reviens, enfin, et Flore emprisonnée
Va de nouveau s'élever dans les airs.
Qu'avec plaisir je compte tes richesses!
Que ta présence a de charmes pour moi!
Puissent mes vers, aimables comme toi,
En les chantant, te payer tes largesses!
Déjà Zéphyre annonce ton retour.
De ce retour modeste avant-courrière,
Sur le gazon la tendre primevère
S'ouvre et jaunit dès le premier beau jour.
A ses côtés la blanche paquerette
Fleurit sous l'herbe et craint de s'élever.
Vous vous cachez, timide violette,
Mais c'est en vain; le doigt sait vous trouver:
Il vous arrache à l'obscure retraite
Qui recélait vos appas inconnus:
Et, destinée aux boudoirs de Cythère,
Vous renaissez sur un trône de verre,
Ou vous mourez sur le sein de Vénus.
L'Inde autrefois nous donna l'anémone,

De nos jardins ornement printanier.
Que tous les ans, au retour de l'automne,
Un sol nouveau remplace le premier,
Et tous les ans la fleur reconnaissante
Reparaîtra plus belle et plus brillante.
Elle naquit des larmes que jadis
Sur un amant Vénus a répandues.
Larmes d'amour, vous n'êtes point perdues;
Dans cette fleur je revois Adonis.
Dans la jacinthe, un bel enfant respire;
J'y reconnais le fils de Piérus.
Il cherche encor les regards de Phébus;
Il craint encor le souffle de Zéphyre.
Des feux du jour évitant la chaleur,
Ici fleurit l'infortuné Narcisse;
Il a toujours conservé la pâleur
Que sur ses traits répandit la douleur.
Il aime l'ombre, à ses ennuis propice;
Mais il craint l'eau, qui causa son malheur.
N'oublions pas la charmante cortule;
Nommons aussi l'aimable renoncule,
Et la tulipe, honneur de nos jardins.
Si leurs parfums répondaient à leurs charmes,
La rose alors, prévoyant nos dédains,
Pour son empire aurait quelques alarmes.

. . . .

Voyez ici la jalouse Clytie
Durant la nuit se pencher tristement,
Puis relever sa tête appesantie,

Pour regarder son infidèle amant.
Le lis, plus noble et plus brillant encore,
Lève sans crainte un front majestueux ;
Paisible roi de l'empire de Flore,
D'un autre empire il est l'emblème heureux.
Mais quelques fleurs chérissent l'esclavage :
L'humble genêt, le jasmin plus aimé,
Le chèvre-feuille et le pois parfumé
Cherchent toujours à couvrir un treillage.
Le jonc pliant, sur ces appuis nouveaux,
Doit enchaîner leurs flexibles rameaux :
L'iris demande un abri solitaire ;
L'ombre entretient sa fraîcheur passagère.
Le tendre œillet est faible et délicat ;
. . . .
Veillez sur lui ; que sa fleur élargie
Sur le carton soit en voûte arrondie ;
Coupez les jets autour de lui pressés :
N'en laissez qu'un, la tige en est plus belle,
Ces autres brins, dans la terre enfoncés,
Vous donneront une tige nouvelle ;
Et quelque jour ces rejetons naissans
Remplaceront leurs pères vieillissans.
Aimables fruits des larmes de l'Aurore,
De votre nom j'embellirais mes vers.
Mais quels parfums s'exhalent dans les airs?
Disparaissez, les roses vont éclore.

Parny.

MÊME SUJET.

Le printemps qu'annonçait l'hirondelle,
Des saisons à mes yeux vient d'ouvrir la plus belle ;
Le chêne s'est éteint dans nos foyers déserts,
Et des arbres déjà tous les sommets sont verts ;
Les troupeaux, librement épars dans les campagnes,
Broutent le serpolet au penchant des montagnes ;
Les oiseaux, dans les bois, par couples réunis,
Suspendent aux rameaux la mousse de leurs nids :
J'entends le rossignol caché sous le feuillage
Rouler les doux fredons de son tendre ramage.
Les champs d'herbe couverts, les prés semés de fleurs,
De leurs rians tapis font briller les couleurs ;
Le lilas flatte plus les regards de l'Aurore,
Que les rubis de l'Inde et les perles du Maure ;
Et les zéphirs légers, voltigeant sur le thym,
Nous rapportent le soir les parfums du matin.
Ah ! lorsque le printemps, d'une amoureuse haleine,
De nos champs embellis vient ranimer la scène,
Quel œil inanimé voit sans ravissemens,
Après de longs frimas, ces spectacles charmans ?
Quel est le voyageur, monté sur la colline,
Qui, voyant quel tableau devant lui se dessine,
Ne promène ses yeux sur le vaste contour
D'un horizon superbe éclairé d'un beau jour ;
Sur la tranquillité de ces plaines fertiles,
Sur ces hameaux exempts des passions des villes,

Sur ces sites heureux, et ces aspects touchans
Qu'étale en ces lointains l'immensité des champs ?
Accourez avec moi, vous, peintres, vous, poëtes;
Palès réclame ici vos luths et vos palettes :
Savans, abandonnez vos asiles secrets;
Vous, belles, vos réduits; et vous, grands, vos palais;
Venez tous avec moi sur ces monts de verdure
Rendre hommage au printemps, et bénir la nature.

Lemière.

MÊME SUJET.

Déjà les nuits d'hiver, moins tristes et moins sombres,
Par degrés de la terre ont éloigné leurs ombres,
Et l'astre des saisons, marchant d'un pas égal
Rend au jour moins tardif son éclat matinal
Avril a réveillé l'aurore paresseuse;
Et les enfans du Nord, dans leur fuite orageuse,
Sur la cime des monts ont porté les frimas.
Le beau soleil de mai, levé sur nos climats,
Féconde les sillons, rajeunit les bocages,
Et de l'hiver oisif affranchit ces rivages.
La séve, emprisonnée en ses étroits canaux,
S'élève, se déploie, et s'allonge en rameaux;
La colline a repris sa robe de verdure;
J'y cherche le ruisseau dont j'entends le murmure;
Dans ces buissons épais, sous ces arbres touffus,
J'écoute les oiseaux, mais je ne les vois plus.
Des pâles peupliers la famille nombreuse,

Le saule ami de l'onde, et la ronce épineuse,
Croissent au bord du fleuve, en longs groupes rangés
Dans leur feuillage épais les zéphirs engagés
Soulèvent les rameaux; et leur troupe captive
D'un doux frémissement fait retentir la rive.
  Le serpolet fleurit sur les monts odorans;
Le jardin voit blanchir le lis, roi du printemps;
L'or brillant du genêt couvre l'humble bruyère,
Le pavot dans les champs lève sa tête altière;
L'épi cher à Cérès, sur sa tige élancé,
Cache l'or des moissons dans son sein hérissé;
Et l'aimable espérance, à la terre rendue,
Sur un trône de fleurs du ciel est descendue.
  Dans un humble tissu long-temps emprisonné,
Insecte parvenu, de lui-même étonné,
L'agile papillon, de son aile brillante,
Courtise chaque fleur, caresse chaque plante;
De jardin en jardin, de verger en verger,
L'abeille en bourdonnant poursuit son vol léger:
Zéphir, pour ranimer la fleur qui vient d'éclore,
Va dérober au ciel les larmes de l'Aurore;
Il vole vers la rose, et dépose en son sein
La fraîcheur de la nuit, les parfums du matin.
Le soleil, élevant sa tête radieuse,
Jette un regard d'amour sur la terre amoureuse;
Et du fond des bosquets un hymne universel
S'élève dans les airs, et monte jusqu'au ciel.
L'Amour donne la vie à ces beaux paysages.

Pour construire leurs nids, les hôtes des bocages
Vont chercher dans les prés, dans les cours des hameaux,
Les débris des gazons, la laine des troupeaux.
L'un a placé son nid sous la verte fougère;
D'autres au tronc mousseux, à la branche légère,
Ont confié l'espoir d'un mutuel amour;
Les passereaux ardens, dès le lever du jour,
Font retentir les toits de la grange bruyante;
Le pinson remplit l'air de sa voix éclatante;
La colombe attendrit les échos des forêts;
Le merle des taillis cherche l'ombrage épais;
Le timide bouvreuil, la sensible fauvette,
Sous la blanche aubépine ont choisi leur retraite;
Et les chênes des bois offrent à l'aigle altier
De leurs rameaux touffus l'asile hospitalier.

Michaud.

PRINTEMPS ET HIVER.

Lorsque dans un beau jour de printemps nous voyons la verdure renaître, les fleurs s'épanouir, tous les germes éclore, les abeilles revivre, l'hirondelle arriver, le rossignol chanter l'amour, le belier en bondir, le taureau en mugir, tous les êtres vivans se chercher, nous n'avons d'autre idée que celle d'une reproduction et d'une nouvelle vie.

Lorsque dans la saison noire du froid et des frimas, l'on voit les natures devenir indifférentes, se fuir au lieu de se chercher, les habitans de l'air déserter nos climats, ceux de l'eau perdre leur liberté sous des voûtes de glace, tous les insectes disparaître ou périr, la plupart des animaux s'engourdir, se creuser des retraites, la terre se durcir, les plantes se sécher, les arbres dépouillés, se courber, s'affaisser sous le poids de la neige et du givre; tout présente l'idée de la langueur et de l'anéantissement. *Buffon.*

RAT.

On a compris et confondu sous ce nom générique de rat plusieurs espèces de petits animaux; nous ne donnerons ce nom qu'au rat commun, qui est noirâtre et qui habite dans les maisons. Cet animal est assez connu par l'incommodité qu'il nous cause; il habite ordinairement les greniers où l'on entasse le grain, où l'on serre les fruits, et de là descend et se répand dans la maison. Il est carnassier, et même omnivore; il semble seuſement préférer les choses dures aux plus tendres; il ronge la laine, les étoffes, les meubles, perce le bois, fait des trous dans les murs, se loge dans l'épaisseur des planchers, dans les vides de la charpente ou de la boiserie; il en sort pour chercher sa subsistance, et souvent il y transporte tout ce qu'il peut traîner; il y fait même quelquefois magasin, surtout lorsqu'il a des petits. Il cherche les lieux chauds, et se niche en hiver auprès des cheminées, ou dans le foin, dans la paille. Malgré les chats, le poison, les piéges, les appâts, ces animaux pullulent si fort qu'ils causent souvent de grands dommages; c'est surtout dans les vieilles maisons à la campagne, où l'on garde du blé dans les greniers, et où le voisinage des granges et des magasins à foin facilite leur retraite et leur multiplication, qu'ils sont en si grand nombre, qu'on serait obliger de démeubler, de déserter, s'ils ne se détruisaient eux-mêmes; mais nous avons vu par expérience qu'ils se tuent, qu'ils se mangent entre eux pour peu que la faim les presse; en sorte que quand il y a disette à cause du trop grand nombre, les plus forts se jettent sur les plus faibles, leur ouvrent la tête et mangent d'abord la cervelle et ensuite le reste du corps; le lendemain la guerre recommence et dure ainsi jusqu'à la destruction du plus grand nombre. C'est par cette raison qu'il arrive ordinairement qu'après avoir été infesté de ces animaux pendant un temps, ils semblent souvent disparaître tout à coup, et quelquefois pour long-temps. Il en est de même des mulots dont la pullulation prodigieuse n'est arrêtée que par les cruautés qu'ils exercent entre eux dès que les vivres commencent à leur manquer. Aristote a attribué cette destruction subite à l'effet des pluies, mais les rats n'y sont point exposés, et les mulots savent s'en garantir; car les trous qu'ils habitent sous terre ne sont pas même humides.

Buffon.

RENARD.

Le renard est fameux par ses ruses, et mérite en partie sa réputation: ce que le loup ne fait que par la force, il le fait par adresse, et réussit plus souvent. Sans chercher à com-

T. II. P. 150.

B. R

1. Paroare (le) — 2. Isatis — 3. Geai bleu.

battre les chiens ni les bergers, sans attaquer les troupeaux, sans traîner les cadavres, il est plus sûr de vivre. Il emploie plus d'esprit que de mouvemens; ses ressources semblent être en lui-même : ce sont, comme l'on sait, celles qui manquent le moins. Fin autant que circonspect, ingénieux et prudent, même jusqu'à la patience, il varie sa conduite; il a des moyens de réserve qu'il sait n'employer qu'à propos. Il veille de près à sa conservation; quoiqu'aussi infatigable, et même plus léger que le loup, il ne se fie pas entièrement à la vitesse de sa course; il sait se mettre en sûreté en se pratiquant un asile où il se retire dans les dangers pressans, où il s'établit, où il élève ses petits : il n'est point animal vagabond, mais animal domicilié.

Cette différence, qui se fait sentir même parmi les hommes, a de bien plus grands effets et suppose de bien plus grandes causes parmi les animaux. L'idée seule du domicile présuppose une attention singulière sur soi-même; ensuite le choix du lieu, l'art de faire son manoir, de le rendre commode, d'en dérober l'entrée, sont autant d'indices d'un sentiment supérieur. Le renard en est doué, et tourne tout à son profit ; il se loge au bord des bois, à portée des hameaux ; il écoute le chant des coqs et le cri des volailles ; il les savoure de loin, il prend habilement son temps, cache son dessein et sa marche, se glisse, se traîne, arrive, et fait rarement des tentatives inutiles. S'il peut franchir les clôtures, ou passer par-dessous, il ne perd pas un instant, il ravage la basse-cour, il y met tout à mort, se retire ensuite lestement en emportant sa proie, qu'il cache sous la mousse ou porte à son terrier ; il revient quelques momens après en chercher une autre, qu'il emporte et cache de même, mais dans un autre endroit, ensuite une troisième, une quatrième, etc., jusqu'à ce que le jour ou le mouvement dans la maison l'avertisse qu'il faut se retirer et ne plus revenir. Il fait la même manœuvre dans les pipées et dans les boquetaux où l'on prend les grives et les bécasses au lacet ; il devance le piqueur, va de très-grand matin, et souvent plus d'une fois par jour, visiter les lacets, les gluaux, emporte successivement les oiseaux qui se sont empêtrés, les dépose tous en différens endroits, surtout au bord des chemins, dans les ornières, sous de la mousse, sous un genièvre, les y laisse quelquefois deux ou trois jours, et sait parfaitement les retrouver au besoin. Il chasse les jeunes levrauts en plaine, saisit quelquefois les lièvres au gîte, ne les manque jamais lorsqu'ils sont blessés, déterre les lapereaux dans les garennes, découvre les nids de perdrix, de cailles, prend la mère sur les œufs, et détruit une quantité prodigieuse de gibier. Le loup nuit plus au paysan, le renard nuit plus au gentilhomme.

La chasse du renard demande moins d'appareil que celle du loup; elle est plus facile et plus amusante. Tous les chiens ont de la répugnance pour le loup, tous les chiens au contraire chassent le renard volontiers, et même avec plaisir; car, quoiqu'il ait l'odeur très-forte, ils le préfèrent souvent au cerf, au chevreuil et au lièvre.

Pour détruire les renards, il est encore plus commode de tendre des piéges, où l'on met de la chair pour appât, un pigeon, une volaille vivante, etc., je fis un jour suspendre à neuf pieds de hauteur sur un arbre, les débris d'une halte de chasse, de la viande, du pain, des os; dès la première nuit les renards s'étaient si fort exercés à sauter, que le terrain autour de l'arbre était battu comme une aire de grange. Le renard est aussi vorace que carnassier : il mange de tout avec une égale avidité, des œufs, du lait, du fromage, des fruits, et surtout des raisins : lorsque les levrauts et les perdrix lui manquent, il se rabat sur les rats, les mulots, les serpens, les lézards, les crapauds; etc.; il en détruit un grand nombre; c'est là le seul bien qu'il procure. Il est très-avide de miel : il attaque les abeilles sauvages, les guêpes, les frelons, qui d'abord tâchent de le mettre en fuite, en le perçant de mille coups d'aiguillon; il se retire en effet, mais c'est en se roulant pour les écraser, et il revient si souvent à la charge, qu'il les oblige à abandonner le guêpier, alors il le déterre et en mange le miel et la cire. Il prend aussi les hérissons, les roule avec ses pieds, et les force à s'étendre. Enfin il mange du poisson, des écrevisses, des hannetons, des sauterelles, etc.

Le renard a les sens aussi bons que le loup, le sentiment plus fin, et l'organe de la voix plus souple et plus parfait. Le loup ne se fait entendre que par des hurlemens affeux; le renard glapit, aboie, et pousse un son triste, semblable au cri du paon; il a des tons différens selon les sentimens différens dont il est affecté; il a la voix de la chasse, l'accent du désir, le son du murmure, le ton plaintif de la tristesse, le cri de la douleur, qu'il ne fait jamais entendre qu'au moment où il reçoit un coup de feu qui lui casse quelque membre; car il ne crie point pour toute autre blessure, et il se laisse tuer à coups de bâton, comme le loup, sans se plaindre, mais toujours en se défendant avec courage. Il mort dangereusement, opiniâtrément, et l'on est obligé de se servir d'un ferrement ou d'un bâton pour le faire démordre. Son glapissement est une espèce d'aboiement qui se fait par des sons semblables et très-précipités. C'est ordinairement à la fin du glapissement qu'il donne un coup de voix plus fort, plus élevé, et semblable au cri du paon. En hiver, surtout pendant la neige et la gelée, il ne cesse de donner de la voix, et il est au contraire presque muet en été. C'est dans cette saison que son poil tombe et se renouvelle; l'on fait peu de cas de la peau des jeunes renards, ou des renards pris en été. La chair du renard est moins mauvaise que celle du loup; les chiens, et même les hommes en mangent en automne, surtout lorsqu'il s'est nourri et engraissé de raisins, et sa peau d'hiver fait de bonnes fourrures. Il a le sommeil profond; on l'approche aisément sans l'éveiller. Lorsqu'il dort, il se met en rond comme les chiens; mais lorsqu'il ne fait que se reposer, il étend les jambes de derrière, et demeure étendu sur le ventre : c'est dans cette posture qu'il épie les oiseaux le long des haies. Ils ont pour lui une si grande antipathie, que dès qu'ils l'aperçoivent ils font un petit cri d'avertissement; les geais, les merles surtout, le conduisent du haut des arbres, répètent souvent le petit cri d'avis et le suivent quelquefois à plus de deux ou trois cents pas. *Buffon.*

RENNE.

La renne est devenue domestique chez le dernier des peuples; les Lapons n'ont pas d'autre bétail. Dans ce climat glacé, qui ne reçoit du soleil que des rayons obliques, où la nuit a sa saison comme le jour, où la neige couvre la terre dès le commencement de l'automne jusqu'à la fin du printemps, où la ronce, le genièvre, et la mousse, font seuls la verdure de l'été, l'homme pouvait-il espérer de nourrir des troupeaux ? Le cheval, le bœuf, la brebis, tous nos autres animaux utiles, ne pouvant y trouver leur subsistance, ni résister à la rigueur du froid, il a fallu chercher, parmi les hôtes des forêts, l'espèce la moins sauvage et la plus profitable; les Lapons ont fait ce que nous ferions nous-mêmes si nous venions à perdre notre bétail : il faudrait bien alors, pour y suppléer, apprivoiser les cerfs, les chevreuils de nos bois, et les rendre animaux domestiques; et je suis persuadé qu'on en viendrait à bout, et qu'on saurait bientôt en tirer autant d'utilité que les Lapons en tirent de leurs rennes. Nous devons sentir par cet exemple jusqu'où s'étend pour nous la libéralité de la nature; nous n'usons pas à beaucoup près de toutes les richesses qu'elle nous offre; le fonds en est bien plus immense que nous ne l'imaginons : elle nous a donné le cheval, le bœuf, la brebis, tous nos autres animaux domestiques, pour nous servir, nous nourrir, nous vêtir; et elle a encore des espèces de réserve qui pourraient suppléer à leur défaut, et qu'il ne tiendrait qu'à nous d'assujettir et de faire servir à nos besoins. L'homme ne sait pas assez ce que peut la nature, ni ce qu'il peut sur elle : au lieu de la rechercher dans ce qu'il ne connaît pas, il aime mieux en abuser dans tout ce qu'il en connaît.

En comparant les avantages que les Lapons tirent du renne apprivoisé avec ceux que nous retirons de nos animaux domestiques, on verra que cet animal en vaut seul deux ou trois; on s'en sert, comme du cheval, pour tirer des traîneaux, des voitures; il marche avec bien plus de diligence et de légèreté, fait aisément trente lieues par jour, et court avec autant d'assurance sur la neige gelée que sur une pelouse. La femelle donne du lait plus substantiel et plus nourrissant que celui de la vache; la chair de cet animal est très-bonne à manger : son poil fait une excellente fourrure, et la peau passée devient un cuir très-souple et très-durable; ainsi le renne donne seul tout ce que nous tirons du cheval, du bœuf, et de la brebis.

Le bois du renne, beaucoup plus grand, plus étendu, et divisé en un bien plus grand nombre de rameaux que celui du cerf, est une espèce de singularité admirable et monstrueuse. La nourriture de cet animal pendant l'hiver est une mousse blanche qu'il sait trouver sous les neiges épaisses en les fouillant avec son bois et les détournant avec ses pieds; en été, il vit de boutons et de feuilles d'arbres, plutôt que d'herbes, que les rameaux de son bois avancés en avant ne lui permettent pas de brouter aisément : il court sur la neige, et enfonce peu à cause de la largeur de ses pieds.... Ces animaux sont doux; on en fait des troupeaux qui rapportent beaucoup de profit à leur maître; le lait, la peau, les nerfs, les os, les cornes des pieds, les bois, le poil, la chair, tout en est bon et utile. *Buffon.*

REPRODUCTION.

La surface de la terre, parée de sa verdure, est le fonds inépuisable et commun duquel l'homme et les animaux tirent leur subsistance; tout ce qui a vie dans la nature vit sur ce qui végète, et les végétaux vivent à leur tour des débris de tout ce qui a vécu et végété : pour vivre il faut détruire, et ce n'est en effet qu'en détruisant des êtres que les animaux peuvent se nourrir et se multiplier. Dieu, en créant les premiers individus de chaque espèce d'animal et de végétal, a non-seulement donné la forme à la poussière de la terre, mais il l'a rendue vivante et animée, en renfermant dans chaque individu une quantité plus ou moins grande de principes actifs, de molécules organiques vivantes, indestructibles, et communes à tous les êtres organisés : ces molécules passent de corps en corps, et servent également à la vie actuelle et à la continuation de la vie, à la nutrition, à l'accroissement de chaque individu; et après la dissolution du corps, après sa destruction, sa réduction en cendres, ces molécules organiques, sur lesquelles la mort ne peut rien, survivent, circulent dans l'univers, passent dans d'autres êtres, et y portent la nourriture et la vie : toute production, tout renouvellement, tout accroissement par la génération, par la nutrition, par le développement, supposent donc une destruction précédente, une conversion de substance, un transport de ces molécules organiques qui ne se multiplient pas, mais qui, subsistant toujours en nombre égal, rendent la nature toujours également vivante, la terre également peuplée, et toujours également resplendissante de la première gloire de celui qui l'a créée.

A prendre les êtres en général, le total de la quantité de vie est donc toujours le même, et la mort, qui semble tout détruire, ne détruit rien de cette vie primitive et commune à toutes les espèces d'êtres organisés : comme toutes les autres puissances subordonnées et subalternes, la mort n'attaque que les individus, ne frappe que la surface, ne détruit que la forme, ne peut rien sur la matière, et ne fait aucun tort à la nature, qui n'en brille que davantage, qui ne lui permet pas d'anéantir les espèces, mais la laisse moissonner les individus et les détruire avec le temps, pour se montrer elle-même indépendante de la mort et du temps, pour exercer à chaque instant sa puissance toujours active, manifester sa plénitude par sa fécondité, et faire de l'univers, en reproduisant, en renouvelant les êtres, un théâtre toujours rempli, un spectacle toujours nouveau.

Pour que les êtres se succèdent, il est donc nécessaire qu'ils se détruisent entre eux; pour que les animaux se nourrissent et subsistent, il faut qu'ils détruisent des végétaux ou d'autres animaux; et comme avant et après la destruction; la quantité de vie reste toujours la même, il semble qu'il devrait être indifférent à la nature que telle ou telle espèce détruisît plus ou moins; cependant, comme une mère économe au sein même de l'abondance, elle a fixé des bornes à la dépense et prévenu le dégât apparent, en ne donnant qu'à peu d'espèces d'animaux l'instinct de se nourrir de chair; elle a même réduit à un assez petit nombre d'individus ces espèces voraces et carnassières, tandis qu'elle a multiplié bien plus abondamment et les espèces et les individus de ceux qui se nourrissent de plantes, et que dans les végétaux elle semble avoir prodigué les espèces, et répandu dans chacune avec profusion le nombre et la fécondité. L'homme a peut-être beaucoup contribué à seconder ses vues, à maintenir et même à établir cet ordre sur la terre; car dans la mer on retrouve cette indifférence que nous supposions : toutes les espèces sont presque également voraces, elles vivent sur elles-mêmes ou sur les autres, et s'entre-dévorent perpétuellement sans jamais se détruire, parce que la fécondité y est aussi grande que la déprédation, et que presque toute la nourriture, toute la consommation tourne au profit de la reproduction. *Buffon.*

ROSE.

Lorsque Vénus, sortant du sein des mers,
Sourit aux dieux charmés de sa présence,
Un nouveau jour éclaira l'univers;
Dans ce moment la rose prit naissance.
D'un jeune lis elle avait la blancheur;
Mais aussitôt le père de la treille,
De ce nectar dont il fut l'inventeur
Laissa tomber une goutte vermeille,
Et pour toujours il changea sa couleur.
De Cythérée elle est la fleur chérie,
Et de Paphos elle orne les bosquets.
Sa douce odeur, aux célestes banquets,
Fait oublier celle de l'ambroisie.
Son vermillon doit parer la beauté;
C'est le seul fard que met la volupté :
A cette bouche où le sourire joue,
Son coloris prête un charme divin :
De la pudeur elle couvre la joue,
Et de l'Aurore elle rougit la main.

Parny.

MÊME SUJET.

Mais, au souffle embaumé des brises matinales,
Déployant de son sein les couleurs virginales,
Emblême ravissant de pudeur et d'amour,

La rose, au front de mai, vient briller à son tour.
Salut, reine des fleurs! salut, vermeille rose!
A peine le matin a vu ta fleur éclose,
Que les jeunes zéphyrs, d'un doux zèle emportés,
Racontent ta naissance aux bosquets enchantés;
Et le printemps ravi, que ton éclat décore,
Te remet la couronne et le sceptre de Flore.
Oh! tu mérites bien la douce royauté
Que la main du printemps décerne à ta beauté!
N'est-tu pas de l'amour le riant interprète,
L'ornement de la vierge, et l'amour du poëte?
O fleur! tu fais briller d'un éclat enflammé
Le sein vermeil et frais du printemps parfumé;
Au front de la pudeur tu souris et reposes,
Et le char du matin est rougi de tes roses.
Mais, hélas! combien peu vont durer ses couleurs!
L'aube en vain lui versa le tribut de ses pleurs;
Deux soleils, en passant, ont hâté sa vieillesse:
Ce matin, riche encor de grâce et de jeunesse,
Elle était du jardin l'espérance et l'amour;
Mais la rose a vieilli dans l'espace d'un jour.
De cette tête, en vain par les grâces ornée,
Le soir j'ai vu tomber la couronne fanée;
Et les zéphyrs ingrats, sur les gazons fleuris,
De la rose, à mes pieds, ont roulé les débris.

Chênedollé.

ROSSIGNOL.

Il n'est point d'homme bien organisé à qui ce nom ne rappelle quelqu'une de ces belles nuits de printemps où, le ciel étant serein, l'air calme, toute la nature en silence, et, pour ainsi dire, attentive, il a écouté avec ravissement le ramage de ce chantre des forêts. On pourrait citer quelques autres oiseaux chanteurs, dont la voix le dispute, à certains égards, à celle du rossignol; les alouettes, le serin, le pinçon, les fauvettes, la linotte, le chardonneret, le merle commun, le merle solitaire, le moqueur d'Amérique, se font écouter avec plaisir, lorsque le rossignol se tait : les uns ont d'aussi beaux sons, les autres ont le timbre aussi pur et plus doux; d'autres ont des tours de gosier aussi flatteurs; mais il n'en est pas un seul que le rossignol n'efface par la réunion complète de ces talens divers, et par la prodigieuse variété de son ramage; en sorte que la chanson de chacun de ces oiseaux, prise dans toute son étendue, n'est qu'un couplet de celle du rossignol.

Le rossignol charme toujours, et ne se répète jamais, du moins jamais servilement; s'il redit quelque passage, ce passage est animé d'un accent nouveau, embelli par de nouveaux agrémens. Il réussit dans tous les genres, il rend toutes les expressions, il saisit tous les caractères; et de plus il sait en augmenter l'effet par les contrastes. Ce coryphée du printemps se prépare-t-il à chanter l'hymne de la nature, il commence par un prélude timide, par des tons faibles, presque indécis, comme s'il voulait essayer son instrument et intéresser ceux qui l'écoutent; mais ensuite, prenant de l'assurance, il s'anime par degrés, il s'échauffe, et bientôt il déploie dans leur plénitude toutes les ressources de son incomparable organe : coups de gosier éclatans, batteries vives et légères, fusées de chant où la netteté est égale à la volubilité, murmure intérieur et sourd qui n'est point appréciable à l'oreille, mais très-propre à augmenter l'éclat des tons appréciables; roulades précipitées, brillantes et rapides, articulées avec force, et même avec une dureté de bon goût; accens plaintifs cadencés avec mollesse;

sons filés sans art, mais enflés avec âme : sons enchanteurs et pénétrans, vrais soupirs d'amour et de volupté qui semblent sortir du cœur et font palpiter tous les cœurs, qui causent à tout ce qui est sensible une émotion si douce, une langueur si touchante. C'est dans ces tons passionnés que l'on reconnaît le langage du sentiment qu'un époux heureux adresse à une compagne chérie, et qu'elle seule peut lui inspirer; tandis que dans d'autres phrases plus étonnantes peut-être, mais moins expressives, on reconnaît le simple projet de l'amuser et de lui plaire, ou bien de disputer devant elle le prix du chant à des rivaux jaloux de sa gloire et de son bonheur.

Ces différentes phrases sont entremêlées de silences, de ces silences qui, dans tout genre de mélodie, concourent si puissamment aux grands effets. On jouit des beaux sons que l'on vient d'entendre, et qui retentissent encore dans l'oreille; on en jouit mieux, parce que la jouissance est plus intime, plus recueillie, et n'est point troublée par des sensations nouvelles : bientôt on attend, on désire une autre reprise; on espère que ce sera celle qui plaît; si l'on est trompé, la beauté du morceau que l'on entend ne permet pas de regretter celui qui n'est que différé, et l'on conserve l'intérêt de l'espérance pour les reprises qui suivront. Au reste, une des raisons pour lesquelles le chant du rossignol est plus remarqué et produit plus d'effet, c'est parce que chantant la nuit, qui est le temps le plus favorable, et chantant seul, sa voix a tout son éclat, et n'est offusquée par aucune autre voix : il efface tous les autres oiseaux par ses sons moelleux et flûtés, et par la durée non interrompue de son ramage, qu'il soutient quelquefois pendant vingt secondes. Un observateur a compté dans ce ramage seize reprises différentes, bien déterminées par leurs premières et dernières notes, et dont l'oiseau sait varier avec goût les notes intermédiaires; enfin, il s'est assuré que la sphère que remplit la voix d'un rossignol n'a pas moins d'un mille de diamètre, surtout lorsque l'air est calme, ce qui égale au moins la portée de la voix humaine. *Guéneau de Montbelliard.*

SERIN.

Si le rossignol est le chantre des bois, le serin est le musicien de la chambre : le premier tient tout de la nature ; le second participe à nos arts. Avec moins de force d'organe, moins d'étendue dans la voix, moins de variété dans les sons, le serin a plus d'oreille, plus de facilité d'imitation, plus de mémoire ; et comme la différence du caractère (surtout dans les animaux) tient de très-près à celle qui se trouve entre leurs sens, le serin, dont l'ouïe est plus attentive, plus susceptible de recevoir et de conserver les impressions étrangères, devient aussi plus sociable, plus doux, plus familier ; il est capable de reconnaissance, et même d'attachement ; ses caresses sont aimables, ses petits dépits innocens, et sa colère ne blesse ni n'offense. Ses habitudes naturelles le rapprochent encore de nous : il se nourrit de graines comme nos autres oiseaux domestiques ; on l'élève plus aisément que le rossignol, qui ne vit que de chair ou d'insectes, et qu'on ne peut nourrir que de mets préparés. Son éducation plus facile est aussi plus heureuse ; on l'élève avec plaisir, parce qu'on l'instruit avec succès ; il quitte la mélodie de son chant naturel pour se prêter à l'harmonie de nos voix et de nos instrumens; il applaudit, il accompagne, et nous rend au delà de ce qu'on peut lui donner. Le rossignol, plus fier de son talent, semble vouloir le conserver dans toute sa pureté; au moins paraît-il faire assez peu de cas des nôtres : ce n'est qu'avec peine qu'on lui apprend à répéter quelques-unes de nos chansons. Le serin peut parler et siffler; le rossignol méprise la parole autant que le sifflet, et revient sans cesse à son brillant ramage. Son gosier, toujours nouveau, est un chef-d'œuvre de la nature, auquel l'art humain ne peut rien changer, rien ajouter; celui du serin est un modèle de grâces d'une trempe moins ferme, que nous pouvons modifier. L'un a donc bien plus de part que l'autre aux agrémens de la société : le serin chante en tout temps, il nous récrée dans les jours les plus sombres, il contribue même à notre bonheur, car il fait l'amusement de toutes les jeunes personnes, les délices des recluses; il charme au moins les ennuis du cloître, et porte de la gaieté dans les âmes innocentes et captives.

C'est dans le climat heureux des Hespérides que cet oiseau charmant semble avoir pris naissance, ou du moins avoir acquis toutes ses perfections; car nous connaissons en Italie une espèce de serin plus petite que celle des Canaries, et en Provence une autre espèce presqu'aussi grande, toutes deux plus agrestes, et qu'on peut regarder comme les tiges sauvages d'une race civilisée. *Buffon.*

SERPENT.

HABITANT des forêts, et des monts et des champs,
Le serpent à son tour a des droits à mes chants.
Par ses beaux mouvemens et sa riche parure,
Cher à la poésie ainsi qu'à la peinture,
Le serpent a ses mœurs, ses combats, ses amours,
Son port audacieux, ses habiles détours;
Mais il fuit nos regards: dans le sein des broussailles,
Dans les fentes des rocs ou le creux des murailles,
Il semble qu'affligé de son triste renom,
Il cache ses remords, sa honte et son poison.
Je ne décrirai point les nombreuses espèces,

Différentes d'aspect, de penchans et d'adresses :
Je compterais plutôt les sables des déserts,
Les feuillages des bois et les vagues des mers,
Que les variétés de sa race effrayante.
Il court, nage, bondit, gravit, vole ou serpente;
Tantôt au bruit lointain des agrestes pipeaux,
Caché dans la moisson, il attend les troupeaux,
Et des plis écaillés, qu'avec force il déploie,
Saisit, étreint, étouffe et dévore sa proie.
Le chevreau, la brebis, souvent un bœuf entier,
Tout à coup engloutis dans son large gosier,
Se débattent en vain dans sa gueule béante.
Mais bientôt, expiant sa fureur dévorante,
Il s'endort sous le poids de l'énorme festin,
Et, livrant au chasseur un facile butin,
Sous la lourde massue ou le fer du sauvage
Tombe gonflé de sang, et gorgé de carnage.
Tantôt au fond des bois, à l'entour d'un vieux tronc,
Il enlace sa queue et redresse son front.
Ailleurs au haut d'un arbre où sa race fourmille,
Superbe, il réunit sa hideuse famille ;
L'œil voit avec effroi ces milliers d'animaux
Envelopper la tige, entourer les rameaux ;
On croit voir les cheveux de l'horrible Mégère,
Ou les crins hérissés de l'aboyant Cerbère
Qui défend jour et nuit le trône de Pluton,
Ou les serpens tressés dont se coiffe Alecton.
Me préserve le ciel d'aller dans le bocage,
Respirer la fraîcheur ou dormir sous l'ombrage,

Lorsqu'en un jour d'été, de son obscur séjour
Il sort brûlant de soif, de colère et d'amour!
Sur la cime des bois, sur les monts, dans la plaine,
Les animaux tremblans l'évitent avec peine.
Contre eux il a du ciel reçu ses yeux ardens,
Son étouffante haleine et ses terribles dents.
Telle est de son poison la violence extrême,
Souvent par sa piqûre il se détruit lui-même!
Son venin dans la plaie à peine s'est glissé,
La chair tombe en lambeaux, et son sang est glacé.
Pour son rapide élan il n'est point de distance;
Il part comme l'éclair, atteint comme la lance.
Quels contrastes frappans il présente à nos yeux,
Reptile sur la terre, étoile dans les cieux,
Ici nous déguisant son approche mortelle,
Ailleurs faisant crier sa bruyante crécelle,
Couvé dans sa coquille ou formé tout vivant,
Assaillant furieux, tacticien savant,
Sinon astucieux, Polyphème vorace,
Victime quelquefois et bourreau de sa race;
Formidable aux oiseaux, à l'hôte des forêts,
Aux reptiles criards qui peuplent les marais;
Du tigre affreux lui-même affrontant la colère;
Redoutable poison, remède salutaire;
Paresseux en hiver, plein d'ardeur au printemps,
Favori d'Esculape, et l'emblème du temps;
Ancien dominateur des forêts d'Amérique,
Détesté dans l'Europe, adoré dans l'Afrique;
De l'Indien, pour lui toujours hospitalier,

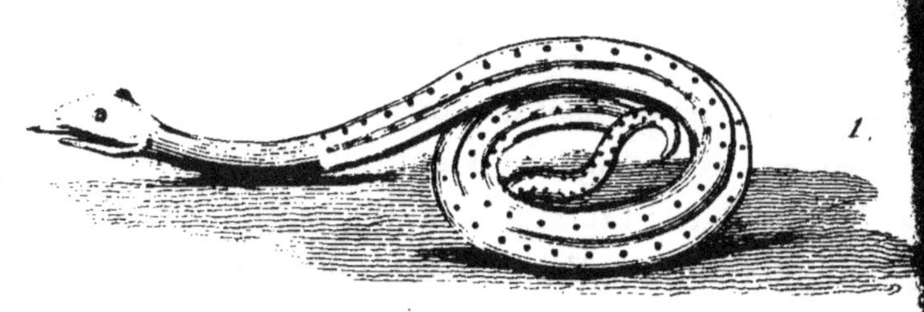

1.

2.

3.

B.R

1. Serpent du Sénégal _ 2. Paca.
3. Canard d'Amérique.

Convive caressant et démon familier ;
Prudent et courageux, vigoureux et flexible,
Célébré par la fable et maudit par la Bible ;
Dans les vers de Milton organe de Satan,
Il ravit l'innocence à l'épouse d'Adam ;
Avec elle il perdit l'homme, hélas ! trop fragile ;
Par lui Laocoon est puni dans Virgile,
Et son supplice, encor objet de nos douleurs,
Sur un marbre souffrant nous fait verser des pleurs.

Delille.

SERPENT.

Ses mouvemens diffèrent de ceux de tous les autres animaux : on ne saurait dire où gît le principe de ses déplacemens, car il n'a ni nageoires, ni pieds, ni ailes ; et cependant il fuit comme une ombre, il s'évanouit magiquement ; il reparaît, disparaît encore, semblable à une petite fumée d'azur, ou aux éclairs d'un glaive dans les ténèbres. Tantôt il se forme en cercle, et darde une langue de feu ; tantôt, debout sur l'extrémité de sa queue, il marche dans une attitude perpendiculaire, comme par enchantement. Il se jette en orbe, monte et s'abaisse en spirale, roule ses anneaux comme une onde, circule sur les branches des arbres, glisse sous l'herbe des prairies ou sur la surface des eaux. Le labyrinthe avait moins de sinuosités que les méandres tracés par ce reptile. Ses couleurs sont aussi peu déterminées que sa marche; elles changent à tous les aspects de la lumière, et, comme ses mouvemens, elles ont le faux-brillant et les variétés trompeuses de la séduction.

Plus étonnant encore dans le reste de ses mœurs, il sait, ainsi qu'un homme souillé de meurtres, jeter à l'écart sa robe tachée de sang, dans la crainte d'être reconnu. Par une étrange faculté, il peut faire rentrer dans son sein les petits monstres que l'amour en a fait sortir. Il sommeille des mois entiers, fréquente les tombeaux, habite les lieux inconnus, compose des poisons qui glacent, brûlent ou tachent le corps de sa victime des couleurs dont il est lui-même marqué. Là, il lève deux têtes menaçantes; ici, il fait entendre une sonnette, il siffle comme un aigle de montagne, mugit comme un taureau. Objet d'horreur ou d'adoration, les hommes ont pour lui une haine implacable, ou tombent devant son génie. Le mensonge l'appelle, la prudence le réclame, l'envie le porte dans son cœur, et l'éloquence à son caducée. Aux enfers, il arme le fouet des Furies; au ciel, l'Éternité en fait son symbole. Il possède encore l'art de séduire l'innocence. Ses regards enchantent les oiseaux dans les airs; et, sous la fougère de la crèche, la brebis lui abandonne son lait. *Chateaubriand.*

SERPENT DEVIN,

C'est surtout dans les déserts brûlans de l'Afrique qu'exerçant une domination moins troublée, le serpent devin parvient à une longueur plus considérable. On frémit lorsqu'on lit, dans les relations des voyageurs qui ont pénétré dans l'intérieur de cette partie du monde, la manière dont cet énorme serpent s'avance au milieu des herbes hautes et des broussailles, ayant quelquefois plus de dix-huit pouces de diamètre, et semblable à une longue et grosse poutre qu'on remuerait avec vitesse. On aperçoit de loin, par le mouvement des plantes qui s'inclinent sur son passage, l'espèce de sillon que tracent les diverses ondulations de son corps; on voit fuir devant lui les troupeaux de gazelles et d'autres animaux dont il fait sa proie; et le seul parti qui reste à prendre dans ces solitudes immenses, pour se garantir de sa dent meurtrière et de sa force funeste, est de mettre le feu aux herbes déjà à demi-brulées par l'ardeur du soleil. Le fer ne suffit pas contre ce dangereux serpent, lorsqu'il est parvenu à toute sa longueur, et surtout lorsqu'il est irrité par la faim. L'on ne peut éviter la mort qu'en couvrant un pays immense de flammes qui se propagent avec vitesse au milieu de végétaux presque entièrement desséchés, en excitant ainsi un vaste incendie, et en élevant, pour ainsi dire, un rempart de feu contre la poursuite de cet énorme animal.

Il ne peut-être en effet arrêté ni par les fleuves qn'il rencontre, ni par les bras de mer dont il fréquente souvent les bords; car il nage avec facilité, même au milieu des ondes agitées; et c'est en vain, d'un autre côté, qu'on voudrait chercher un abri sur de grands arbres; il se roule avec promptitude jusqu'à l'extrémité des cimes les plus hautes : aussi vit-il souvent dans les forêts. Enveloppant les tiges dans les divers replis de son corps, il se fixe sur les arbres à différentes hauteurs, et y demeure souvent long-temps en embuscade, attendant patiemment le passage de sa proie. Lorsque pour l'atteindre, ou pour sauter sur un arbre voisin, il a une trop grande distance à franchir, il entortille sa queue autour d'une branche, et, suspendant son corps allongé à cette espèce d'anneau, se balançant, et tout d'un coup s'élançant avec force, il se jette comme un trait sur sa victime, ou contre l'arbre auquel il veut s'attacher.

Lorsqu'il aperçoit un ennemi dangereux, ce n'est point avec ses dents qu'il commence un combat, qui alors serait trop désavantageux pour lui; mais il se précipite avec tant de rapidité sur sa malheureuse victime, l'enveloppe dans tant de contours, la serre avec tant de force, fait craquer ses os avec tant de violence, que, ne pouvant ni s'échapper, ni user de ses armes, et réduite à pousser de vains, mais d'affreux hurlemens, elle est bientôt étouffée sous les efforts multipliés de ce monstrueux reptile.

Si le volume de l'animal expiré est trop considérable pour que le devin puisse l'avaler, malgré la grande ouverture de sa gueule, la facilité qu'il a de l'agrandir, et l'extension dont presque tout son corps est susceptible, il continue de presser sa proie mise à mort; il en écrase les parties les plus compactes ; et, lorsqu'il ne peut point les briser avec facilité, il l'entraîne, en se roulant avec elle, auprès d'un gros arbre dont il renferme le tronc dans ses replis; il place sa proie entre l'arbre et son corps; il les environne l'un et l'autre de ses nœuds vigoureux; et, se servant de sa tige noueuse comme d'une sorte de levier, il redouble ses efforts, et parvient bientôt à comprimer en tous sens, et à moudre, pour ainsi dire, le corps de l'animal qu'il a immolé.

Lorsqu'il a donné ainsi à sa proie toute la souplesse qui lui est nécessaire, il l'allonge en continuant de la presser, et diminue d'autant sa grosseur ; il l'imbibe de sa salive, ou d'une sorte d'humeur analogue qu'il répand en abondance. Il pétrit, pour ainsi dire, à l'aide de ses replis, cette masse devenue informe, ce corps qui n'est plus qu'un composé confus de chairs ramollies et d'os concassés. C'est alors qu'il l'avale en la prenant par la tête, en l'attirant à lui, et en l'entraînant dans son ventre par de fortes aspirations plusieurs fois répétées; mais malgré cette préparation, sa proie est quelquefois si volumineuse, qu'il ne peut l'engloutir qu'à demi; il faut qu'il ait digéré, au moins en partie, la portion qu'il a déjà fait entrer dans son corps, pour pouvoir y faire pénétrer l'autre; et l'on a souvent vu le serpent devin, la gueule horriblement ouverte, et remplie d'une proie à demi dévorée, étendu à terre, et dans une sorte d'inertie qui accompagne presque toujours sa digestion. *Lacépède.*

SOLEIL.

Roi du monde et du jour, guerrier aux cheveux d'or,
Quelle main, te couvrant d'une armure enflammée,
Abandonna l'espace à ton rapide essor,
Et traça dans l'azur ta route accoutumée?
Nul astre à tes côtés ne lève un front rival;
Les filles de la nuit à ton éclat pâlissent;

La lune devant toi fuit d'un pas inégal,
Et ses rayons douteux dans les flots s'engloutissent.
Sous les coups réunis de l'âge et des Autans
Tombe du haut sapin la tête échevelée ;
Le mont même, le mont, assailli par le Temps,
Du poids de ses débris écrase la vallée ;
Mais les siècles jaloux épargnent ta beauté :
Un printemps éternel embellit ta jeunesse,
Tu t'empares des cieux en monarque indompté,
Et les vœux de l'amour t'accompagnent sans cesse.
Quand la tempête éclate et rugit dans les airs,
Quand les vents font rouler, au milieu des éclairs,
Le char retentissant qui porte le tonnerre,
Tu parais, tu souris, et consoles la terre.
Hélas ! depuis long-temps tes rayons glorieux
Ne viennent plus frapper ma débile paupière !
Je ne te verrai plus, soit que, dans ta carrière,
Tu verses sur la plaine un océan de feux,
Soit que, vers l'occident, le cortége des ombres
Accompagne tes pas, ou que les vagues sombres
T'enferment dans le sein d'une humide prison !
Mais, peut-être, ô soleil, tu n'as qu'une saison ;
Peut-être, succombant sous le fardeau des âges,
Un jour tu subiras notre commun destin ;
Tu seras insensible à la voix du matin,
Et tu t'endormiras au milieu des nuages.

Baour-Lormian.

MÊME SUJET.

Globe resplendissant, océan de lumière,
De vie et de chaleur source immense et première,
Qui lances tes rayons par les plaines des airs,
De la hauteur des cieux aux profondeurs des mers,
Et seul fais circuler cette matière pure,
Cette séve de feu qui nourrit la nature ;
Soleil, par tes rayons l'univers fécondé
Devant toi s'embellit, de splendeur inondé.
Le mouvement renaît, les distances, l'espace ;
Tu te lèves, tout luit ; tu nous fuis, tout s'efface.
Le poëte sans toi fait entendre ses vers ;
Sans toi la voix d'Orphée a modulé des airs ;
Le peintre ne peut rien qu'aux rayons de ta sphère :
Père de la chaleur, auteur de la lumière,
Sans les jets éclatans de tes feux répandus,
L'artiste, le tableau, l'art lui-même n'est plus.

Lemière.

LEVER DU SOLEIL.

Des rayons de Vesper le couchant brille encore,
Quand déjà l'orient pâlit devant l'aurore.
Une faible clarté, dans le vague des airs,
Perce rapidement le crépuscule sombre :
On découvre les monts et leurs panaches verts ;
Les torrens azurés semblent fumer dans l'ombre....

Le roi du jour s'approche : avec quel appareil
Il s'annonce au sommet des montagnes sauvages !
Des flots d'or sont partis de l'horizon vermeil ;
La terre se colore, et les chantres volages,
Prêts de faire éclater d'harmonieux ramages,
Avec un doux tumulte attendent le soleil.
Le voyez-vous paraître au bord de sa carrière ?
Prosternez-vous, mortels ! des torrens de clarté
Tombent, en un instant, de son char de lumière :
Il lance les rayons de la fécondité,
Donne l'être au néant, le souffle à la matière,
Et l'espace est rempli de son immensité...
Quelle magnificence ! elle étonne mes yeux
Trop faibles pour saisir cette immense étendue.
Peindrai-je de ces monts les groupes lumineux
Que le soleil enflamme au travers de la nue ;
Ces vallons ombragés de bois majestueux ;
Ce fleuve qui se roule en replis sinueux,
Et renvoie aux rochers des clartés ondoyantes ;
Ce vent doux qui frémit sur les vagues brillantes ;
Ce long tapis de fleurs, déployé sur les prés ;
Ces collines, ces tours, ces villages dorés ;
Ces épis balançant leurs têtes jaunissantes,
Et toutes les couleurs qui, fuyant par degrés,
Semblent au loin se perdre en vapeurs transparentes ?
Une céleste joie a passé dans mon cœur.
O soleil ! est-ce toi dont je sens l'influence ?
Les bois sont animés ; le chant des airs commence ;
La flûte se marie à la voix du pasteur ;

On entend soupirer la plaintive romance ;
L'agneau sur le gazon, l'abeille sur la fleur,
Le zéphyr qui s'agite au sein de l'abondance ;
Tout élève à la fois les accens du bonheur....
Laissez-moi de ces bois suivre la mélodie,
Inutiles regrets ! Laissez-moi respirer
Dans ce frais labyrinthe où je vais m'égarer,
A l'ombre des vergers parfumés d'ambroisie.
La belle heure du jour fuit, tandis que mes vers
Coulent sans art, au gré d'une muse facile.
La rosée, à l'abri de ces berceaux couverts,
Dans leurs bouquets penchés trouve à peine un asile.
L'œil se baisse, ébloui de la splendeur des airs ;
Le vent dort, l'onde est calme, et la feuille immobile.
Le soleil a fondu la masse des brouillards
Qui voilait des coteaux les bandes colorées ;
Et le vaste horizon, ouvert de toutes parts,
Semble se réunir aux voûtes azurées.

Léonard.

MÊME SUJET.

On le voit s'annoncer de loin par les traits de feu qu'il lance au-devant de lui. L'incendie augmente, l'orient paraît tout en flammes : à leur éclat, on attend l'astre longtemps avant qu'il se montre ; à chaque instant on croit le voir paraître : on le voit enfin.

Un point brillant part comme un éclair, et remplit aussitôt tout l'espace; le voile des ténèbres s'efface et tombe; l'homme reconnaît son séjour, et le trouve embelli. La verdure a pris, durant la nuit, une vigueur nouvelle; le jour naissant qui l'éclaire, les premiers rayons qui la dorent, la montrent couverte d'un brillant réseau de rosée, qui réfléchit à l'œil la lumière et les couleurs. Les oiseaux en cœur se réunissent et saluent de concert le père de la vie : en ce moment pas un seul ne se tait. Leur gazouillement, faible encore, est plus lent et plus doux que dans le reste de la journée ; il se sent de la langueur d'un paisible réveil. Le concours de tous ces objets porte aux sens une impression de fraîcheur qui semble pénétrer jusqu'à l'âme. Il y a là une demi-heure d'enchantement auquel nul homme ne résiste : un spectacle si grand, si beau, si délicieux, n'en laisse aucun de sang-froid.

J. J. Rousseau.

SOIR.

Mais, tandis 'à regret je quitte ces demeures,
Entraînant dans son cours le char léger des Heures,
L'astre brûlant du jour s'incline vers les mon s,
Et Zéphire, endormi dans le creux des vallons,
S'éveille, et, parcourant la campagne embrasée,
Verse sur le gazon la féconde rosée :
Un vent frais fait rider la surface des eaux,
Et courbe, en se jouant, la tête des roseaux.
Déjà l'ombre s'étend; ô frais et doux bocages!
Laissez-moi m'arrêter sous vos jeunes ombrages,
Et que j'entende encor, pour la dernière fois,
Le bruit de la cascade et les doux chants des bois.
De la cime des monts tout prêt à disparaître,
Le jour sourit encore aux fleurs qu'il a fait naître;
Le fleuve, poursuivant son cours majestueux,
Réfléchit par degrés sur ses flots écumeux
Le vert sombre et foncé des forêts du rivage.
Un reste de clarté perce encor le feuillage;
Sur ces toits élevés, d'un ciel tranquille et pur
L'ardoise fait au loin étinceler l'azur;
Et la vitre embrasée, à la vue éblouie
Offre à travers ces bois l'aspect d'un incendie.

J'entends dans ces bosquets le chantre du printemps:
L'éclat touchant du soir semble animer ses chants;
Ses accens sont plus doux et sa voix est plus tendre,
Et, tandis que les bois se plaisent à l'entendre,
Au buisson épineux, au tronc des vieux ormeaux,

La muette Arachné suspend ses longs réseaux ;
L'insecte, que les vents ont jeté sur la rive,
Poursuit, en bourdonnant, sa course fugitive :
Il va de feuille en feuille, et, pressé de jouir,
Aux derniers feux du jour vient briller et mourir.
La caille, comme moi, sur ces bords étrangère,
Fait retentir les champs de sa voix printanière.
Sorti de son terrier, le lapin imprudent
Vient tomber sous les coups du chasseur qui l'attend ;
Et par l'ombre du soir la perdrix rassurée
Redemande aux échos sa compagne égarée.

Quand la fraîcheur des nuits descend sur les coteaux
Le peuple des cités court oublier ses maux
Dans ces brillans jardins, sous ces vastes portiques
Qu'embellissent des arts les prestiges magiques.
Là, cent flambeaux, vainqueurs des ombres de la nuit
Renouvellent aux yeux l'éclat du jour qui fuit ;
Là, le salpêtre éclate, et la flamme élancée,
En sillons rayonnans dans les airs dispersée,
Remplit tout l'horizon, s'élève jusqu'aux cieux,
Tonne, brille et retombe en globes lumineux ;
Tantôt elle s'élève en riches colonnades,
Tantôt elle jaillit en brillantes cascades ;
Et tantôt c'est un fleuve, un torrent orageux
Qui roule avec fracas son cristal sulfureux.

Mais à ce luxe vain, ô combien je préfère
Cette pompe du soir dont brille l'hémisphère,
Ces nuages légers l'un sur l'autre entassés,
Et sur l'aile des vents mollement balancés !

L'imagination leur prête mille formes :
Tantôt c'est un géant, qui de ses bras énormes
Couvre le vaste Olympe, et tantôt c'est un Dieu
Qui traverse l'Éther sur un trône de feu.
Là, ce sont des forêts dans le ciel suspendues,
Des palais rayonnans sous des voûtes de nues ;
Plus loin, mille guerriers se heurtant dans les airs
De leurs glaives d'azur font jaillir les éclairs.
Que j'aime de Morven le barde solitaire !
Quand le brouillard du soir descend sur la bruyère,
Assis sur la colline où dorment ses aïeux,
Il chante des héros les mânes belliqueux.
Dans l'humide vapeur, sur ces bois étendue,
L'ombre du vieux Fingal vient s'offrir à sa vue :
Le vent du soir gémit sous ces saules pleureurs :
C'est la voix d'Ithona qui demande des pleurs.
Ces antiques forêts, leurs mobiles ombrages,
L'aspect changeant des lacs, des monts et des nuages,
Rappellent à son cœur tout ce qu'il a chéri.
Oh ! qui pourra jamais voir sans être attendri
L'éclat demi-voilé de l'horizon plus sombre,
Ce mélange confus du soleil et de l'ombre,
Ces combats indécis de la nuit et du jour,
Ces feux mourans épars sur les monts d'alentour,
Ce brillant occident où le soleil étale
Sa chevelure d'or et sa robe d'opale,
Ce ciel qui par degrés se peint d'un gris obscur,
Et le jour qui s'éteint sous un voile d'azur !

Michaud.

PRIÈRE DU SOIR
A BORD D'UN VAISSEAU.

Le globe du soleil, dont nos yeux pouvaient alors soutenir l'éclat, prêt à se plonger dans les vagues étincelantés, apparaissait entre les cordages du vaisseau, et versait encore le jour dans des espaces sans bornes. On eût dit, par le balancement de la poupe, que l'astre radieux changeait à chaque instant d'horizon. Les mâts, les haubans, les vergues du navire étaïent couverts d'une teinte de rose. Quelques nuages erraient sans ordre dans l'orient, où la lune montait avec lenteur. Le reste du ciel était pur; et, à l'horizon du nord, formant un glorieux triangle avec l'astre du jour et celui de la nuit, une trombe chargée des couleurs du prisme s'élevait de la mer comme une colonne de cristal supportant la voûte du ciel.

Il eût été bien à plaindre celui qui, dans ce beau spectacle, n'eût pas reconnu la beauté de Dieu! Des larmes coulèrent malgré moi de mes paupières lorsque tous mes compagnons, ôtant leurs chapeaux goudronnés, vinrent à entonner, d'une voix rauque, leur simple cantique à *Notre-Dame-de-Bon-Secours*, patronne des mariniers. Qu'elle était touchante la prière de ces hommes qui, sur une planche fragile, au milieu de l'Océan, contemplaient un soleil couchant sur les flots! Comme elle allait à l'âme cette invocation du pauvre matelot à la Mère de douleur. Cette humiliation devant celui qui envoie les orages et le calme; cette conscience de notre petitesse à la vue de l'infini; ces chants s'étendant au loin sur les vagues; les monstres marins, étonnés de ces accens inconnus, se précipitant au fond de leurs gouffres; la nuit s'approchant avec ses embûches: la merveille de notre vaisseau au milieu de tant de merveilles; un équipage religieux, saisi d'admiration et de crainte; un prêtre auguste en prière; Dieu penché sur l'abîme, d'une main retenant le soleil aux portes de l'occident, de l'autre élevant la lune à l'horizon opposé, et prêtant, à travers l'immensité, une oreille attentive à la faible voix de sa créature : voilà ce que l'on ne saurait peindre et ce que tout le cœur de l'homme suffit à peine pour sentir.

Chateaubriand.

SOURIS.

La souris, beaucoup plus petite que le rat, est aussi plus nombreuse, plus commune, et plus généralement répandue; elle a le même instinct, le même tempérament, le même naturel, et n'en diffère guère que par la faiblesse et par les habitudes qui l'accompagnent. Timide par nature, familière par nécessité, la peur ou le besoin font tous ses mouvemens; elle ne sort de son trou que pour chercher à vivre; elle ne s'en écarte guère, y rentre à la première alerte, ne va pas, comme le rat, de maisons en maisons, à moins qu'elle n'y soit forcée, fait aussi beaucoup moins de dégât, a les mœurs plus douces, et s'apprivoise jusqu'à un certain point, mais sans s'attacher : comment aimer en effet ceux qui nous dressent des embûches? Plus faible, elle a plus d'ennemis auxquels elle ne peut échapper, ou plutôt se soustraire, que par son agilité, sa petitesse même. Les chouettes, tous les oiseaux de nuit, les chats, les fouines, les belettes, les rats même lui font la guerre : on l'attire, on la leurre aisément par des appâts, on la détruit à milliers; elle ne subsiste enfin que par son immense fécondité.

Buffon.

TAUREAU.

LE COMBAT DU TAUREAU.

Au milieu du champ est un vaste cirque environné de nombreux gradins; c'est là que l'auguste reine, habile dans cet art si doux de gagner les cœurs de son peuple en s'occupant de ses plaisirs, invite souvent ses guerriers au spectacle le plus chéri des Espagnols. Là, les jeunes chefs, sans cuirasse, vêtus d'un simple habit de soie, armés seulement d'une lance, viennent sur de rapides coursiers, attaquer et vaincre des taureaux sauvages. Des soldats à pied, plus légers encore, les cheveux enveloppés dans des réseaux, tiennent d'une main un voile de pourpre, et de l'autre des lances aiguës. L'alcade proclame la loi de ne secourir aucun combattant, de ne leur laisser d'autres armes que la lance pour immoler, le voile de pourpre pour se défendre. Les rois, entourés de leur cour, président à ces jeux sanglans; et l'armée entière, occupant les amphithéâtres, témoigne par des cris de joie, par des transports de plaisir et d'ivresse, quel est son amour effréné pour ces antiques combats.

Le signal est donné, la barrière s'ouvre, le taureau s'élance au milieu du cirque; mais, au bruit de mille fanfares, aux cris, à la vue des spectateurs, il s'arrête inquiet et troublé; ses naseaux fument, ses regards brûlans errent sur les amphithéâtres; il semble également en proie à la surprise, à la fureur. Tout à coup il se précipite sur un cavalier qui le blesse, et fuit rapidement à l'autre bout. Le taureau s'irrite, le poursuit de près, frappe à coups redoublés la terre, et fond sur le voile éclatant que lui présente un combattant à pied. L'adroit Espagnol, dans le même instant, évite à la fois sa rencontre, suspend à ses cornes le voile léger, et lui darde une flèche aiguë qui de nouveau fait couler son sang. Percé bientôt de toutes les lances blessé de tous ces traits pénétrans dont le fer courbé reste dans la plaie, l'animal bondit dans l'arène, pousse d'horribles mugissemens, s'agite en parcourant le cirque, secoue les flèches nombreuses enfoncées dans son large col, fait voler ensemble les cailloux broyés, les lambeaux de pourpre sanglans, les flots d'écume rougie, et tombe enfin épuisé d'efforts, de colère et de douleur.

FLORIAN, *Gonzalve de Cordoue*, liv. 5.

TERRE.

CE globe immense nous offre, à la surface, des hauteurs, des profondeurs, des plaines, des mers, des marais, des fleuves, des cavernes, des gouffres, des volcans; et à la première inspection nous ne découvrons en tout cela aucune régularité, aucun ordre. Si nous pénétrons dans son intérieur, nous y trouvons des métaux, des minéraux, des pierres, des bitumes, des sables, des terres, des eaux et des matières de toute espèce, placées comme au hasard et sans aucune règle apparente; en examinant avec plus d'attention, nous voyons des montagnes affaissées, des rochers fendus et brisés, des contrées englouties, des îles nouvelles, des terrains submergés, des cavernes comblées; nous trouvons des matières pesantes souvent posées sur des matières légères, des corps durs environnés de substances molles, des choses sèches, humides, chaudes, froides, solides, friables, toutes mêlées et dans une espèce de confusion qui ne nous présente d'autre image que celle d'un amas de débris et d'un monde en ruine.

Cependant nous habitons ces ruines avec une entière sécurité; les générations d'hommes, d'animaux, de plantes, se succèdent sans interruption, la terre fournit abondamment à leur subsistance, la mer a des limites et des lois, ses mouvemens y sont assujettis, l'air a ses courans réglés, les saisons ont leurs retours périodiques et certains, la verdure n'a jamais manqué de succéder aux frimas : tout nous paraît être dans l'ordre; la terre, qui tout à l'heure n'était qu'un chaos, est un séjour délicieux où règne le calme et l'harmonie, où tout est animé et conduit avec une puissance et une intelligence qui nous remplissent d'admiration et nous élèvent jusqu'au Créateur. *Buffon.*

TIGRE.

Dans la classe des animaux carnassiers, le lion est le premier, le tigre est le second; et comme le premier, même dans un mauvais genre, est toujours le plus grand et souvent le meilleur, le second est ordinairement le plus méchant de tous. A la fierté, au courage, à la force, le lion joint la noblesse, la clémence, la magnanimité; tandis que le tigre est bassement féroce, cruel sans justice, c'est-à-dire sans nécessité. Il en est de même dans tout ordre de choses où les rangs sont donnés par la force; le premier, qui peut tout, est moins tyran que l'autre qui, ne pouvant jouir de la puissance plénière, s'en venge en abusant du pouvoir qu'il a pu s'arroger. Aussi le tigre est-il plus à craindre que le lion : celui-ci souvent oublie qu'il est le roi, c'est-à-dire le plus fort de tous les animaux; marchant d'un pas tranquille, il n'attaque jamais l'homme, à moins qu'il ne soit provoqué; il ne précipite ses pas, il ne court, il ne chasse que quand la faim le presse. Le tigre, au contraire, quoique rassasié de chair, semble toujours être altéré de sang, sa fureur n'a d'autres intervalles que ceux du temps qu'il faut pour dresser des embûches, il saisit et déchire une nouvelle proie avec la même rage qu'il vient d'exercer, et non pas d'assouvir, en dévorant la première; il désole le pays qu'il habite, il ne craint ni l'aspect ni les armes de l'homme; il égorge, il dévaste les troupeaux d'animaux domestiques; met à mort toutes les bêtes sauvages, attaque les petits éléphans, les jeunes rhinocéros, et quelquefois même ose braver le lion.

La forme du corps est ordinairement d'accord avec le naturel. Le lion a l'air noble; la hauteur de ses jambes est proportionnée à la longueur de son corps; l'épaisse et grande crinière qui couvre ses épaules et ombrage sa face, son regard assuré, sa démarche grave, tout semble annoncer sa fière et majestueuse intrépidité. Le tigre, trop long de corps, trop bas sur ses jambes, la tête nue, les yeux hagards, la langue couleur de sang, toujours hors de la gueule, n'a que les caractères de la basse méchanceté et de l'insatiable cruauté; il n'a pour tout instinct qu'une rage constante, une fureur aveugle, qui ne connaît, qui ne distingue rien, et qui lui fait souvent dévorer ses propres enfans, et déchirer leur mère lorsqu'elle veut les défendre. Que ne l'eût-il à l'excès cette soif de son sang! ne pût-il l'éteindre qu'en détruisant dès leur naissance la race entière des monstres qu'il produit!

Heureusement pour le reste de la nature, l'espèce n'en est pas nombreuse, et paraît confinée aux climats les plus chauds de l'Inde orientale. Elle se trouve au Malabar, à Siam, au Bengale, dans les mêmes contrées qu'habitent l'éléphant et le rhinocéros.... Le tigre y fréquente les bords des fleuves et des lacs; car comme le sang ne fait que l'altérer, il a souvent besoin d'eau pour tempérer l'ardeur qui le consume, et d'ailleurs il attend près des eaux les animaux qui y arrivent, et que la chaleur du climat contraint d'y venir plusieurs fois chaque jour : c'est là qu'il choisit sa proie, ou plutôt qu'il multiplie ses massacres; car souvent il abandonne les animaux qu'il vient de mettre à mort pour en égorger d'autres; il semble qu'il cherche à goûter de leur sang, il le savoure, il s'en enivre; et lorsqu'il leur fend et déchire le corps, c'est pour y plonger la tête, et pour sucer à longs traits le sang dont il vient d'ouvrir la source, qui tarit presque toujours avant que sa soif ne s'éteigne.

Cependant quand il a mis à mort quelques gros animaux, comme un cheval, un buffle, il ne les éventre pas sur la place, s'il craint d'y être inquiété; pour les dépecer à son aise, il les emporte dans les bois, en les traînant avec tant de légèreté, que la vitesse de sa course paraît à peine ralentie par la masse énorme qu'il entraîne. Ceci seul suffirait pour faire juger de sa force; mais pour en donner une idée plus juste, arrêtons-nous un instant sur les dimensions et les proportions du corps de cet animal terrible. Quelques voyageurs l'ont comparé, pour la grandeur, à un cheval, d'autres à un buffle, d'autres ont seulement dit qu'il était beaucoup plus grand que le lion. Mais nous pouvons citer des témoignages plus récens et qui méritent une entière confiance. M. de La Lande-Magon nous a fait assurer qu'il avait vu aux Indes orientales un tigre de quinze pieds, en y comprenant sans doute la longueur de la queue; si nous la supposons de quatre ou cinq pieds, ce tigre avait au moins dix pieds de longueur. Il est vrai que celui dont nous avons la dépouille au cabinet du roi n'a qu'environ sept pieds de longueur depuis l'extrémité du museau jusqu'à l'origine de la queue; mais il avait été pris, amené tout jeune, et ensuite toujours enfermé dans une loge étroite à la ménagerie, où le défaut du mouvement et le manque d'espace, l'ennui de la prison, la contrainte du corps, la nourriture peu convenable, ont abrégé sa vie et retardé le développement, ou même réduit l'accroissement du corps. Nous avons vu dans l'histoire du cerf que ces animaux, pris jeunes et renfermés dans des parcs trop peu spacieux, non-seulement ne prennent pas leur croissance entière, mais même se déforment et deviennent rachitiques et bassets, avec des jambes torses. Nous savons d'ailleurs par les dissections que nous avons faites d'animaux de toute espèce élevés et nourris dans des ménageries, qu'ils ne parviennent jamais à leur grandeur entière; que leurs corps et leurs membres, qui ne peuvent s'exercer, restent au-dessous des dimensions de la nature. La seule différence du climat pourrait encore produire les mêmes effets que le manque d'exercice et la captivité.

Il n'est donc pas étonnant que ce tigre dont le squelette et la peau nous sont venus de la ménagerie du roi, ne soit pas parvenu à sa juste grandeur; cependant la seule vue de cette peau bourrée donne encore l'idée d'un animal formidable, et l'examen du squelette ne permet pas d'en douter. L'on voit sur les os des jambes des rugosités qui marquent des attaches de muscles encore plus fortes que celles du lion; ces os sont aussi solides, mais plus courts; et comme nous l'avons dit, la hauteur des jambes dans le tigre n'est pas proportionnée à la grande longueur du corps. Ainsi cette vitesse terrible dont parle Pline, et que le nom même du tigre paraît indiquer, ne doit pas s'entendre des mouvemens ordinaires, de la démarche, ni même de la célérité des pas dans une course suivie; il est évident qu'ayant les jambes courtes, il ne peut marcher ni courir aussi vite que ceux qui les ont proportionnellement plus longues : mais cette vitesse terrible s'applique très-bien aux bonds prodigieux qu'il doit faire sans efforts; car en lui supposant, proportion gardée, autant de force et de souplesse qu'au chat, qui lui ressemble beaucoup par la conformation, et qui, dans l'instant d'un clin d'œil, fait un saut de plusieurs pieds d'étendue, on sentira que le tigre, dont le corps est dix fois plus long, peut, dans un instant presque aussi court, faire un bond de plusieurs toises. Ce n'est donc point la célérité de sa course, mais la vitesse du saut que Pline a voulu désigner, et qui rend en effet cet animal terrible, parce qu'il n'est pas possible d'en éviter l'effet.

Le tigre est peut-être le seul de tous les animaux dont on ne puisse fléchir le naturel : ni la force, ni la contrainte, ni la violence ne peuvent le dompter. Il s'irrite des bons comme des mauvais traitemens ; la douce habitude, qui peut tout, ne peut rien sur cette nature de fer ; le temps loin de l'amollir en tempérant les humeurs féroces, ne fait qu'aigrir le fiel de sa rage ; il déchire la main qui le nourrit comme celle qui le frappe ; il rugit à la vue de tout être vivant ; chaque objet lui paraît une nouvelle proie, qu'il dévore d'avance de ses regards avides, qu'il menace par des frémissemens affreux mêlés d'un grincement de dents, et vers lequel il s'élance souvent malgré les chaînes et les grilles qui brisent sa fureur sans pouvoir le calmer.

L'espèce du tigre a toujours été plus rare et beaucoup moins répandue que celle du lion ; cependant la tigresse produit, comme la lionne, quatre ou cinq petits ; elle est furieuse en tout temps ; mais sa rage devient extrême lorsqu'on les lui ravit : elle brave tous les périls, elle suit les ravisseurs, qui, se trouvant pressés, sont obligés de lui relâcher un de ses petits ; elle s'arrête : le saisit, l'emporte pour le mettre à l'abri, revient quelques instans après, et les poursuit jusqu'aux portes des villes ou jusqu'à leurs vaisseaux, et lorsqu'elle a perdu tout espoir de recouvrer sa perte, des cris forcenés et lugubres, des hurlemens affreux expriment sa douleur cruelle, et font encore frémir ceux qui les entendent de loin.

Le tigre fait mouvoir la peau de sa face, grince les dents, frémit, rugit comme fait le lion; mais son rugissement est différent; quelques voyageurs l'ont comparé aux cris de certains grands oiseaux : *Tigrides indomitœ rancant rugiuntque leones* (*autor Philomelœ*). Ce mot *rancant* n'a point d'équivalent en français; ne pourrions-nous pas lui en donner un, et dire, les tigres *rauquent*, et les lions rugissent? car le son de la voix du tigre est en effet très-rauque. *Buffon.*

UNAU ET AI.

Autant la nature nous a paru vive, agissante, exaltée dans les singes, autant elle est lente, contrainte et resserrée dans ces paresseux; et c'est moins paresse que misère; c'est défaut, c'est dénûment, c'est vice dans la conformation, les yeux obscurs et couverts, la mâchoire aussi lourde qu'épaisse, le poil plat et semblable à de l'herbe desséchée, les cuisses mal emboitées et presque hors des hanches, les jambes trop courtes, mal tournées et encore plus mal terminées ; point d'assiette de pied, point de pouces, point de doigts séparément mobiles, mais deux ou trois ongles excessivement longs, recourbés en dessous, qui ne peuvent se mouvoir qu'ensemble et nuisent plus à marcher qu'ils ne servent à grimper : la lenteur, la stupidité, l'abandon de son être, et même la douleur habituelle résultant de cette conformation bizarre et négligée ; point d'armes pour attaquer ou se défendre, nul moyen de sécurité, pas même en grattant la terre, nulle ressource de salut dans la fuite ; confinés, je ne dis pas au pays, mais à la motte de terre, à l'arbre sous lequel ils sont nés ; prisonniers au milieu de l'espace, ne pouvant parcourir qu'une toise en une heure ; grimpant avec peine, se traînant avec douleur, une voix plaintive et par accens entrecoupés qu'ils n'osent élever que la nuit, tout annonce leur misère ; tout nous rappelle ces monstres par défaut, ces ébauches imparfaites mille fois projetées, exécutées par la nature, qui, ayant à peine la faculté d'exister, n'ont dû subsister qu'un temps, et ont été depuis effacées de la liste des êtres ; et, en effet, si les terres qu'habitent et l'unau et l'aï n'étaient pas des déserts, si les hommes et les animaux puissans s'y fussent anciennement multipliés, ces espèces ne seraient pas parvenues jusqu'à nous, elles eussent été détruites par les autres, comme elles le seront un jour. Nous avons dit qu'il semble que tout ce qui peut être, est ; ceci paraît en être un indice frappant ; ces paresseux font le dernier terme de l'existence dans l'ordre des animaux qui ont de la chair et du sang ; une défectuosité de plus les aurait empêchés de subsister.

Ces pauvres animaux, réduits à vivre de feuilles et de fruits sauvages, consument du temps à se traîner au pied d'un arbre ; il leur en faut encore beaucoup pour grimper jusqu'aux branches ; et pendant ce lent et triste exercice, qui dure quelquefois plusieurs jours, ils sont obligés de supporter la faim, et peut-être de souffrir le plus pressant besoin; arrivés sur leur arbre, ils n'en descendent plus, ils s'accrochent aux branches, ils le dépouillent par parties, mangent successivement les feuilles de chaque rameau, passent ainsi plusieurs semaines sans pouvoir délayer par aucune boisson cette nourriture aride; et lorsqu'ils ont ruiné leur fonds, et que l'arbre est entièrement nu, ils y restent encore retenus par l'impossibilité d'en descendre; enfin, quand le besoin se fait de nouveau sentir, qu'il presse et qu'il devient plus vif que la crainte du danger de la mort, ne pouvant descendre, ils se laissent tomber, et tombent très-lourdement comme un bloc, une masse sans ressort; car leurs jambes raides et paresseuses n'ont pas le temps de s'étendre pour rompre le coup.

A terre, ils sont livrés à tous leurs ennemis : comme leur chair n'est pas absolument mauvaise, les hommes et les animaux de proie les cherchent et les tuent; il paraît qu'ils multiplient peu. Tout concourt donc à les détruire, et il est bien difficile que l'espèce se maintienne; il est vrai que, quoiqu'ils soient lents, gauches et presque inhabiles au mouvement, ils sont durs, forts de corps et vivaces; qu'ils peuvent supporter long-temps la privation de toute nourriture; que, couverts d'un poil épais et sec, et ne pouvant faire d'exercice, ils dissipent peu et engraissent par le repos, quelque maigres que soient leurs alimens; et que, quoiqu'ils n'aient ni bois, ni cornes sur la tête, ni sabots aux pieds, ni dents incisives à la mâchoire inférieure, ils sont cependant du nombre des animaux ruminans, et ont comme eux plusieurs estomacs; que par conséquent ils peuvent compenser ce qui manque à la qualité de la nourriture par la quantité qu'ils en prennent à la fois. *Buffon.*

VAUTOUR.

L'on a donné aux aigles le premier rang parmi les oiseaux de proie, non parce qu'ils sont plus forts et plus grands que les vautours, mais parce qu'ils sont plus généreux, c'est-à-dire moins bassement cruels; leurs mœurs sont plus fières, leurs démarches plus hardies, leur courage plus noble, ayant au moins autant de goût pour la guerre que d'appétit pour la proie : les vautours, au contraire, n'ont que l'instinct de la basse gourmandise et de la voracité; ils ne combattent guère les vivans que quand ils ne peuvent s'assouvir sur les morts. L'aigle attaque ses ennemis ou ses victimes corps à corps; seul il les poursuit, les combat, les saisit : les vautours, au contraire, pour peu qu'ils prévoient de résistance, se réunissent en troupes comme de lâches assassins, et sont plutôt des voleurs que des guerriers, des oiseaux de carnage que des oiseaux de proie; car, dans ce genre, il n'y a qu'eux qui se mettent en nombre, et plusieurs contre un; il n'y a qu'eux qui s'acharnent sur les cadavres, au point de les déchiqueter jusqu'aux os; la corruption, l'infection les attire, au lieu de les repousser. Les éperviers, les faucons, et jusqu'aux plus petits oiseaux, montrent plus de courage; car ils chassent seuls, et presque tous dédaignent la chair morte, et refusent celle qui est corrompue. Dans les oiseaux comparés aux quadrupèdes, le vautour semble réunir la force et la cruauté du tigre avec la lâcheté et la gourmandise du chacal, qui se met également en troupe pour dévorer les charognes et déterrer les cadavres; tandis que l'aigle a, comme nous l'avons dit, le courage, la noblesse, la magnanimité et la munificence du lion. *Buffon.*

VÉGÉTAUX.

Les végétaux qui couvrent cette terre, et qui y sont encore attachés de plus près que l'animal qui broute, participent aussi plus que lui à la nature du climat; chaque pays, chaque degré de température a ses plantes particulières; on trouve au pied des Alpes celles de France et d'Italie; on trouve à leur sommet celles des pays du nord; on retrouve ces mêmes plantes du nord sur les cimes glacées des montagnes d'Afrique. Sur les monts qui séparent l'empire du Mogol du royaume de Cachemire, on voit, du côté du midi, toutes les plantes des Indes, et l'on est surpris de ne voir de l'autre côté que des plantes d'Europe. C'est aussi des climats excessifs que l'on tire des drogues; les parfums, les poisons et toutes les plantes dont les qualités sont excessives : le climat tempéré ne produit au contraire que des choses tempérées : les herbes les plus douces, les légumes les plus sains, les fruits les plus suaves, les animaux les plus tranquilles, les hommes les plus polis sont l'apanage de cet heureux climat. Ainsi la terre fait les plantes; la terre et les plantes font les animaux; la terre, les plantes et les animaux font l'homme; car les qualités des végétaux viennent immédiatement de la terre et de l'air; le tempérament et les autres qualités relatives des animaux qui paissent l'herbe tiennent de près à celles des plantes dont ils se nourrissent; enfin les qualités physiques de l'homme et des animaux qui vivent sur les autres animaux autant que sur les plantes, dépendent, quoique de plus loin, de ces mêmes causes, dont l'influence s'étend jusque sur leur naturel et sur leurs mœurs. Et ce qui prouve encore mieux que tout se tempère dans un climat tempéré, et que tout est excès dans un climat excessif, c'est que la grandeur et la forme, qui paraissent être des qualités absolues, fixes et déterminées, dépendent cependant, comme les qualités relatives, de l'influence du climat : la taille de nos animaux quadrupèdes n'approche pas de celle de l'éléphant, du rhinocéros, de l'hippopotame; nos plus gros oiseaux sont fort petits, si on les compare à l'autruche, au condor, au casoar; et quelle comparaison des poissons, des lézards, des serpens de nos climats avec les baleines, les cachalots, les narvals qui peuplent les mers du nord, et avec les crocodiles, les grands lézards et les couleuvres énormes qui infestent les terres et les eaux du midi? Et si l'on considère encore chaque espèce dans différens climats, on y trouvera des variétés sensibles pour la grandeur et pour la forme; toutes prennent une teinture plus ou moins forte du climat. Ces changemens ne se font que lentement, imperceptiblement; le grand ouvrier de la nature est le temps : comme il marche toujours d'un pas égal, uniforme et réglé, il ne fait rien par sauts, mais par degrés, par nuances, par succession, il fait tout; et ces changemens, d'abord imperceptibles, deviennent peu à peu sensibles, et se marquent enfin par des résultats auxquels on ne peut se méprendre.

Buffon.

VER LUISANT.

N'oublions point ces vers dont les races brillantes
Montrent sur l'océan des lumières flottantes,
Et sous chaque aviron, qui fend les flots mouvans,
Offrent aux nautoniers des phosphores vivans.
Les bois mêmes, les bois, quand la nuit tend ses voile
Offrent aux yeux surpris de volantes étoiles
Qui tracent dans la nuit de lumineux sillons,
Partent de chaque feuille en brillans tourbillons.
Les airs sont étonnés de leur clarté nouvelle,
La forêt s'illumine, et la nuit étincelle :
Ils s'arrêtent ; soudain meurt ce rapide jour,
Et l'ombre et la clarté renaissent tour à tour.

Delille.

VOLCANS.

Les montagnes ardentes, qu'on appelle *Volcans*, renferment dans leur sein le soufre, le bitume et les matières qui servent d'aliment à un feu souterrain, dont l'effet, plus violent que celui de la poudre et du tonnerre, a de tout temps étonné, effrayé les hommes et désolé la terre; un volcan est un canon d'un volume immense, dont l'ouverture a souvent plus d'une demi-lieue : cette large bouche à feu vomit des torrens de fumée et de flammes, des fleuves de bitume, de soufre et de métal fondu, des nuées de cendres et de pierres; et quelquefois elle lance à plusieurs lieues de distance des masses de rochers énormes, et que toutes les forces humaines réunies ne pourraient pas mettre en mouvement; l'embrasement est si terrible, et la quantité des matières ardentes, fondues, calcinées, vitrifiées que la montagne rejette, est si abondante, qu'elles enterrent les villes, les forêts, couvrent les campagnes de cent et deux cents pieds d'épaisseur, et forment quelquefois des collines et des montagnes qui ne sont que des monceaux de ces matières entassées. L'action de ce feu est si grande, la force de l'explosion est si violente, qu'elle produit par sa réaction des secousses assez fortes pour ébranler et faire trembler la terre, agiter la mer, renverser les montagnes, détruire les villes et les édifices les plus solides, à des distances même très-considérables. *Buffon.*

ÉRUPTION D'UN VOLCAN.

Tout a coup, au milieu du silence de la nuit, un bruit affreux retentit à leurs oreilles; ils entendent de loin la mer mugir, et rouler vers le rivage ses ondes amoncelées; les souterrains profonds sont frappés à coups redoublés; la terre tremble sous leurs pas; ils courent pleins d'effroi au milieu des ténèbres épaisses. Une montagne voisine s'entr'ouvrant avec effort, lance au plus haut des airs une colonne ardente qui répand, au milieu de l'obscurité, une lumière rougeâtre et lugubre; des rochers énormes volent de tous côtés, la foudre éclate et tombe; une mer de feu s'avançant avec rapidité, inonde les campagnes : à son approche, les forêts s'embrasent, la terre n'offre plus que l'image d'un vaste incendie qu'entretiennent des amas énormes de matières enflammées, et qu'animent des vents impétueux. Où fuyez-vous, mortels infortunés ? de quelque côté que vous cherchiez un asile, comment éviterez-vous la mort qui vous menace ? De nouveaux gouffres s'ouvrent sous vos pas, de nouveaux tourbillons de flamme, de pierrres, de cendres et de fumée, volent vers vous du sommet des montagnes, et la mer écumeuse, rougie par l'éclat des foudres, surmonte son rivage, et s'avance pour vous engloutir.

Cependant ces phénomènes terribles s'apaisent peu à peu; les feux s'amortissent; la mer, à demi calmée, retire en murmurant ses ondes bouillonnantes; la terre se raffermit, le bruit cesse, et le jour paraît. Quel triste et lugubre tableau présente la campagne ravagée! Elle n'offre plus que des monceaux de cendres, que des rochers énormes entassés sans ordre, que des torrens de lave ardente, que des bois qui brûlent encore, que de tristes restes des infortunés qui ont péri au milieu de ces désastres. Un ciel couvert de nuages n'envoie sur tous ces objets lugubres qu'une clarté pâle et terne, un calme sinistre règne dans l'air, des bruits lointains annoncent de nouveaux malheurs, et la mer répond par de sourds gémissemens au bruit lugubre que font entendre les profondes cavernes de la terre. Consternés, saisi d'effroi, pressés dans le seul espace où les flammes ne sont pas parvenues, les mains élevées vers le ciel qui seul peut les secourir, les hommes adressent alors leurs ardentes prières à celui qui commande à la mer et à la foudre. Leur prière est courte, mais touchante; ils la recommencent souvent, et chaque fois avec un ton plus pénétré; ils cherchent en quelque sorte à faire parvenir leurs voix jusqu'à l'Être dont ils implorent la clémence : tous les signes des passions qui les agitent, de l'effroi, de la vive inquiétude, de la désolation, se mêlent aux sons qu'ils profèrent, et qu'ils soutiennent avec effort. *Lacépède.*

ÉRUPTION DU VÉSUVE.

Le Vésuve en courroux sous ses monts caverneux,
Recommence à mugir avec un bruit affreux,
Et déchaîne, en poussant une épaisse fumée,
Sur son gouffre tonnant, la tempête enflammée.
Elle échappe soudain, et des sommets ouverts
En colonne de feu s'élance dans les airs.
Des foudres souterrains et des roches fondues
La suivent jusqu'au ciel et retombent des nues.
Le bitume et le soufre, épandus en torrens,
Roulent sur la montagne, en sillonnent les flancs,

Et, dans les creux vallons se traçant un passage,
Des fleuves infernaux offrent l'horrible image.
L'incendie a gagné les antiques forêts.
Les animaux, fuyant dans les sentiers secrets,
Vingt fois, pour s'échapper, retournent sur leur trace :
Partout la mort en feu les repousse et les chasse.
On voit, loin du volcan et de leurs toits brûlans,
Errer de toutes parts les pâles habitans ;
Et l'époux qui soutient sa moitié défaillante,
Et du vieillard courbé la marche chancelante,
Et la mère qui croit dérober au trépas
Son fils, unique espoir, qu'elle tient dans ses bras.
Inutiles efforts : les vagues irritées
Franchissent en grondant leurs rives dévastées ;
L'Apennin a tremblé jusqu'en ses fondemens :
La terre ouvre en tous lieux des abîmes fumans,
Des plus fermes cités ébranle les murailles,
Et les ensevelit au fond de ses entrailles.
Un jour, peut-être, un jour nos neveux attendris
Découvriront enfin, sous de profonds débris,
Ces villes, ces palais, ces temples, ces portiques,
De nos arts florissans monumens authentiques.
Ainsi dans les remparts qu'Hercule avait bâtis,
Par un malheur semblable autrefois engloutis,
Nous allons admirer de superbes ruines,
Et de l'antiquité fouiller les doctes mines.
Quel sera le destin de tant de malheureux
Échappés par hasard à ce désastre affreux !
De cendres, de cailloux une pluie enflammée

Couvre tout le pays de feux et de fumée.
Le laboureur a vu les trésors des sillons
Sortir de ses greniers en brûlans tourbillons.
En vain il cherche encor dans les arides plaines
Ses buffles vigoureux, compagnons de ses peines;
Ils ne reviendront plus d'un pas obéissant
Sur ce sol calciné traîner le soc pesant.
Nul secours, nul espoir ne s'offre à sa misère.
Comment nourrir, hélas! ses enfans et leur mère?
Ira-t-il secouer le gland dans les forêts?
Mais l'orage partout a fait tomber ses traits;
Et les chênes, séchés jusque dans leurs racines,
De ces lieux désolés ont accru les ruines.
Alors parmi les feux, les laves, les tombeaux,
La famine apparaît; et, traînant ses lambeaux,
Traverse les cités, rôde dans les villages:
D'abord sous l'humble toit exerce ses ravages;
Puis, des palais pompeux franchissant les degrés,
Entre avec le besoin sous les lambris dorés.
Dans l'air en même temps les sombres Euménides
Soufflent de toutes parts leurs poisons homicides.
Une fréquente toux, de longs étouffemens,
Sont du premier accès les signes alarmans.
Dès la seconde aurore une brûlante haleine
Du poumon embrasé ne s'échappe qu'à peine.
La toux du corps entier fait crier les ressorts,
Et l'humeur, sans sortir, résiste à ses efforts.
Un feu séditieux étincelle au visage;
Le pouls du sang à peine annonce le passage;

La plus légère étoffe est un pesant fardeau ;
Une barre d'acier traverse le cerveau ;
Et le mal, redoublant sa fureur intestine,
Comme un affreux vautour déchire la poitrine.
Après la triste nuit qu'allonge la douleur,
La langue se noircit, le teint perd sa couleur,
Le malade aux abois porte sur le visage
De sa prochaine mort l'infaillible présage.
Douce espérance, alors tu quittes ses lambris !
Il n'entend plus sa femme, il ne voit plus ses fils.
Son esprit égaré, que la fièvre tourmente,
Erre sur le sommet d'une montagne ardente,
Croit rouler dans un gouffre, et frémit de terreur
En regardant au loin l'immense profondeur.
A ce transport succède une stupeur mortelle ;
Le sang glacé s'arrête, et la faible prunelle
Sous les doigts du trépas se fermant sans retour,
Il meurt avant la fin du quatrième jour.
Dieux ! qui reconnaîtrait ces campagnes fertiles?
Des hameaux fortunés et d'opulentes villes,
Des maisons qu'entouraient des bocages fleuris,
Charmaient à chaque pas le voyageur surpris.
Deux fois sur les coteaux les brebis étaient pleines,
Et les moissons deux fois jaunissaient dans les plaines,
La manne y distillait. Les humains trop heureux
Y ployaient sous les fruits qui renaissaient pour eux ;
L'amour et le plaisir, enfans de l'abondance,
Présidaient les concerts, animaient à la danse ;
Écho ne répétait que les chants des bergers ;

Des vignes s'élevaient dans le sein des rochers;
Le laurier, le jasmin, s'arrondissant en voûtes,
De leur ombre odorante embellissaient les routes.
C'était un grand jardin où de nombreux canaux
Portaient de toutes parts la fraîcheur de leurs eaux.
Quel désastre imprévu! quelles terribles scènes!
Des torrens sulfureux, de brûlantes arènes,
Tous les feux des enfers, tous les fléaux des cieux,
En un vaste cercueil ont changé ces beaux lieux.

Castel.

VOLCAN SOUS-MARIN.

. . . . . . Tout a coup se dérobe à nos yeux
Cet azur rassurant, ce doux éclat des cieux!
A ce jour pur succède une nuit enflammée,
La mer s'enfle, exhalant une ardente fumée,
Roulant les noirs limons, les métaux ruisselans,
Que la terre en douleur rejette de ses flancs.
Un Vésuve nouveau, qui couvait sous les ondes,
Ouvre, en la déchirant, ses entrailles profondes.
Dans les flots bouillonnans le bitume mugit;
L'air, que le soufre brûle, avec fureur rugit;
Sous nos pieds la mer tonne, et le ciel sur nos têtes.
Mon vaisseau, frêle abri qu'assiégent les tempêtes,
Par la vague tantôt vers la côte lancé,
Tantôt en pleine mer par elle repoussé,
Jouet de sa furie ici fuit dans l'abîme;
Là, sur elle inclinée, monte et pend à sa cime:
Et d'ondes et de feux de toutes parts pressés,

Par la terre et la mer, et le ciel menacés,
Nous roulons égarés au sein du gouffre immense
Où l'antique chaos sous nos pieds recommence :
C'en est fait !.... Recevez, terre de nos neveux,
Pour tous vos descendans l'hommage de nos vœux.
Reçois, sol paternel, les âmes fugitives
De tes fils, sans tombeaux expirant sous tes rives.

. . . .

Le foudre souterrain, s'enflammant de nouveau,
Lance d'affreux rochers qui brisent mon vaisseau,
Roulant de flots en flots sur l'abîme qui gronde ;
Ses débris dispersés sont refoulés par l'onde
Vers la rive où moi-même, en leurs cours entraîné,
J'ai revu, j'ai touché la terre où je suis né ;
Mais seul ! .. Les flots jaloux ont gardé ce que j'aime !
Déplorable moitié de cet autre moi-même,
Sur le sable jeté, meurtri, glacé, mourant,
Quel est mon désespoir et mon cri déchirant,
Quand le pâle rayon de l'aube blanchissante
Ne me laisse plus voir que mon épouse absente !
Quel terrible moment ! quels pensers ! quel effroi !
Devant moi l'Océan, des débris près de moi !
Et des corps mutilés qui rougissent l'arène !
Sur ce champ de la mort à pas lents je me traîne,
Observant, d'un regard avide et douloureux,
Jusqu'en leurs moindres traits ces cadavres affreux,
La cherchant, l'appelant, craignant de reconnaître
Ses restes adorés.... le souhaitant peut-être !

Laya.

ZÈBRE.

Le zèbre est peut-être, de tous les animaux quadrupèdes, le mieux fait et le plus élégamment vêtu : il a la figure et les grâces du cheval, la légèreté du cerf, et la robe rayée de rubans noirs et blancs, disposés alternativement avec tant de régularité et de symétrie, qu'il semble que la nature ait employé la règle et le compas pour le peindre. Ces bandes alternatives de noir et de blanc sont d'autant plus singulières qu'elles sont étroites, parallèles, et très-exactement séparées, comme dans une étoffe rayée; que d'ailleurs elles s'étendent non-seulement sur le corps, mais sur la tête, sur les cuisses et les jambes, et jusque sur les oreilles et la queue; en sorte que de loin cet animal paraît comme s'il était environné partout de bandelettes qu'on aurait pris plaisir à disposer régulièrement et avec beaucoup d'art sur toutes les parties de son corps; elles en suivent les contours et en marquent si avantageusement la forme, qu'elles en dessinent les muscles en s'élargissant plus ou moins sur les parties plus ou moins charnues et plus ou moins arrondie. Dans la femelle, ces bandes sont alternativement noires et blanches; dans le mâle, elles sont noires et jaunes, mais toujours d'une nuance vive et brillante sur un poil court fin et fourni, dont le lustre augmente encore la beauté des couleurs. Le zèbre est en général plus petit que le cheval et plus grand que l'âne; et quoiqu'on l'ait souvent comparé à ces deux animaux, qu'on l'ait même appelé *cheval sauvage et âne rayé*, il n'est la copie ni de l'un ni de l'autre, et serait plutôt leur modèle, si dans la nature tout n'était pas également original, et si chaque espèce n'avait pas un droit égal à la création.

Buffon.

CONCLUSION.

En entrant dans ce monde, tu veux connaître ton origine, qui ne se peut trouver que dans la création. Le but de ton séjour ici-bas, où tu dois chercher la vie heureuse, est d'admirer la nature, mais non avec la folle curiosité des autres animaux qui dévorent, courent au hasard, multiplient, dorment, et n'ont d'intelligence et de sentiment que pour les commodités de la vie et la conservation de leur être. Tu dois te porter à de plus nobles pensées, observer ce qui frappe les sens, pour en devenir plus sage, et adorer l'auguste auteur de tant de merveilles sublimes.

Oh! que l'homme serait méprisable, s'il ne s'élevait au-dessus de l'humanité! Quel serait donc le bonheur de sa vie?

de manger et de boire, et de caresser les caprices de ce corps périssable? Non, l'homme n'a pas été jeté sur la terre pour négliger le temps, pour végéter dans sa bassesse, pour repousser les brillantes idées d'un meilleur avenir. Ah! combien il y aurait de sages, si l'orgueil ne persuadait à la plupart des hommes qu'ils ont trouvé la sagesse, avant de l'avoir cherchée!

Le sage est celui qui examine et qui juge. Le monde a été créé pour la gloire de l'Éternel : tout dans la nature célèbre ses louanges; mais l'homme seul peut comprendre ce langage, et glorifier dignement le Créateur. *Linné.*

FIN.

ET AUTRES
QUI SE TROUVENT A LA LIBRAIRIE UNIVERSELLE

DE P. MONGIE AÎNÉ,

BOULEVART ITALIEN, N°. 10, A PARIS.

ART (L') DE TIRER LES CARTES ET LES TAROTS, ou Cartomancie Française, Egyptienne, Italienne et Allemande; moyen de dire la Bonne Aventure, d'après les Cabalistes les plus célèbres de tous les pays; mis en ordre et publié par M. Collin de Plancy. 1 joli volume in-18. Prix : 3 fr. et 3 fr., 50 c. franco. — On y joint :

Le grand jeu de 78 cartes des tarots, gravé en taille-douce et colorié avec soin. Prix : 6 fr., et en prenant le vol. et le jeu ensemble, 7 fr., 50 c. et 8 fr. 50 c., franco.

DICTIONNAIRE (LE) UNIVERSEL DES COMPTES D'INTÉRÊTS, publié en français, en anglais et en allemand, par Claude Lorrain. 1 vol. in-4°. Prix : 10 fr., et 11 fr. 50 c., franc de port.

TRENTE-CINQ (LES) CONTES D'UN PERROQUET, traduits en français, par Marie d'Heures. 1 vol. in-8., orné de vignette et frontispice gravés avec soin. Prix : 5 f., et 6 f. franco. (Cet ouvrage est destiné à faire suite aux belles éditions des *Mille et Une Nuits* et des *Mille et Un Jours.*)

VOYAGE ET DÉCOUVERTES DANS LE NORD et dans les parties centrales de l'Afrique, au travers du grand désert, jusqu'au 18e. degré de latitude nord, et depuis Kouka, dans le Bornou, jusqu'à Sakaton, capitale de l'empire des Fellatahs; exécutés pendant les années 1822, 1823 et 1824, par le major Denham, le capitaine Clapperton et feu le docteur Oudney, trad. de l'anglais; par MM. de La Renaudière et Eyriès, 3 vol. in-8, ornés de cartes et de fig. Formant un bel atlas, in-4. Prix : 33 fr. et 39 fr. franco.

NINKA, par madame ***, 1 vol. in-12. Prix 2 fr. 50 c., et 3 fr. franco.

(Ce joli petit roman vient de paraître; c'est l'essai d'une jeune dame, qui a trouvé le moyen de répandre le plus grand intérêt dans un très-petit ouvrage : mérite fort rare dans nos romanciers modernes.)

MANUEL ALPHABÉTIQUE DU PROPRIÉTAIRE et du locataire ou sous-locataire, tant des biens de ville que des biens ruraux; contenant d'une manière claire et mise à la portée de tout le monde, les obligations et les droits respectifs de chacun d'eux, ainsi que des maîtres d'hôtels garnis, aubergistes, logeurs, et de leurs locataires; des marchands, étalagistes, etc.; avec les lois, arrêts, décisions, usages et règlemens de police sur lesquels ils sont fondés; les termes pour les paiemens, congés et déménagemens; les réparations locatives ou autres; les servitudes; enfin, des modèles de baux, congés, quittances, états de lieux et autres actes sous seing privé; par F. Sergent. 1 vol. in-18. Prix : 3 fr., et 3 fr. 50 c. franco. (Cet utile ouvrage vient de paraître.)

DICTIONNAIRE INFERNAL, ou Bibliothéque universelle des matières qui tiennent aux Apparitions, à la Magie, au commerce de l'Enfer, aux Divinations, aux Sciences secrètes, aux Grimoires, aux Prodiges, aux Superstitions diverses, aux choses Mystérieuses, Surprenantes, Merveilleuses, Surnaturelles, etc., etc., etc. : par M. Collin de Plancy. 4 forts vol. in-8°. de plus de 500 pages chacun, avec une livraison de 16 belles Figures, utiles à l'intelligence de l'ouvrage. Prix : 36 fr., et 42 fr. franco.

LE PORTEFEUILLE DE 1813, ou Tableau politique et militaire renfermant, avec le récit des événemens de cette période, un choix de la correspondance inédite de l'empereur Napoléon, et de celle de plusieurs personnages distingués, soit français, soit étrangers, pendant la première campagne de Saxe, l'armistice de Plesswitz, le congrès de Prague et la seconde campagne de Saxe; par M. de Norvins. 2 forts vol. in-8°. de plus de 500 pages chacun. Prix : 15 fr., et 18 f. franc de port.

DICTIONNAIRE (PETIT) CLASSIQUE D'HISTOIRE NATURELLE, ou Morceaux choisis sur nos connaissances acquises dans les trois règnes de la Nature, par Bernardin de Saint-Pierre, Buffon, Châteaubriand, Delille, Lacépède, Linné, Saint-Lambert, Aimé-Martin, Michaud, Pline, Racine fils, Raynal, Roucher, et autres auteurs célèbres. 2 vol. in-12, ornés de 30 planches en taille douce, représentant toutes les figures des quadrupèdes, des oiseaux, des poissons, etc., dessinées et gravées par les plus habiles artistes, à la manière anglaise. Prix : 10 fr. — Avec les figures parfaitement coloriées. Prix : 15 fr. — (2 francs de plus) pour recevoir l'un ou l'autre, franc de port, par la poste.

L'HISTOIRE DE FRANCE, ET D'ANGLETERRE, depuis leur origine jusqu'à la paix de 1814, représentées en figures dessinées et gravées par David, peintre du cabinet du Roi, et accompagnées d'un texte historique et concis, par Ant. Caillot. 4 vol. in-8°., contenant 112 belles gravures, exécutées avec le plus grand soin. Prix : 40 fr. et 45 fr. franco. — Les exemplaires bistre sanguin sont de 70 fr. et de 75 fr. port franc. — Quelques exemplaires tirés sur papier *vélin*, figures doubles premières épreuves en noir et au bistre. Prix : 120 fr. et 125 fr. franc de port.

CHOIX DE FABLES d'Esope, de La Fontaine, de Florian et autres célèbres Fabulistes anciens et modernes, destinées à l'amusement et à l'éducation de la jeunesse; ornées de 14 belles figures lithographiées chez Engelmann. 1 vol. in-8°. oblong élégamment cartonné. Prix : 8 fr. figures noires, et 12 fr. figures coloriées. — 75 c. de plus pour le recevoir *broché* franco.

LA COURONNE DES DEMOISELLES, ou Choix de traits de piété, de vertu, de courage, de grandeur d'âme, offerts à la jeunesse; vol. in-8°. oblong, orné de 12 belles figures lithographiées chez Engelmann, joliment cartonné en papier de couleur. Prix : 10 fr. fig. noires, et 15 fr. figures coloriées. — 75 c. de plus pour la recevoir *broché* franco.

ESPAGNE POÉTIQUE. — Choix de Poésies Castillanes, depuis Charles-Quint jusqu'à nos jours, mises en vers français; avec une dissertation comparée sur la langue et la versification espagnoles; une introduction en vers, et des articles biographiques historiques et littéraires; par don Juan Maury 1 fort vol. in-8, orné de six beaux portraits et d'un beau frontispice lithographiés; accompagné d'une table analytique. Prix : 7 fr. 50 et 9 fr. franco.

PRÉCIS DE L'HISTOIRE POLITIQUE ET MILITAIRE DE L'EUROPE, depuis l'année 1783 jusqu'à l'abdication de Napoléon, et du rétablissement des Bourbons sur le trône de France, etc., etc. Par J. Bigland; trad. de l'anglais, et augmentée et continuée jusqu'en 1819, par Mac-Carthy. 3 forts vol. in-8°. Prix : 21 fr., et 25 fr. franco; — et sur papier vélin, 42 fr., et 45 fr. franco.

MÉMOIRES HISTORIQUES SUR FERDINAND VII, roi des Espagnes, et sur les événemens de son règne ; par D*** ; trad. de l'espagnol en anglais, par Quin, et en français, par M. G**. H. ; accompagnés de notes et de pièces officielles, et ornés d'un beau portrait du Roi d'Espagne. 1 fort vol. in-8°. Prix : 6 fr., et 7 fr. 25 c. franco.

VOYAGE A L'ILE-DE-FRANCE, DANS L'INDE ET EN ANGLETERRE ; suivi de Mémoires sur les Indiens, sur les Vents des mers de l'Inde, et d'une Notice sur la vie du général Benoist Deboigne, commandant l'armée marate à Scindia ; par le docteur Brunet. 1 fort volume in-8°. Prix : 6 fr. ; et 7 fr., 25 cent. franco.

BIOGRAPHIE DES ENFANS CÉLÈBRES, ou Histoire abrégée des jeunes héros, des jeunes poëtes, des jeunes savans, des jeunes artistes, des jeunes filles célèbres, etc., etc., et généralement de tous les personnages qui se sont illustrés avant l'âge de vingt ans, par leurs vertus, leur bravoure, leurs écrits, leur génie précoce, etc. Seconde édition, 2 forts volumes in-12, ornés de 12 jolies planches gravées en taille-douce. Prix : 8 fr., et 9 fr. 50 c. franco.

Le même, papier vélin, figures 1res. épreuves. Prix : 16 fr., et 17 fr. 50 c. franco.

JOURNÉE DU 30 DÉCEMBRE 1825, ou Récit de tout ce qui s'est passé aux funérailles du Général Foy ; forte brochure in-8, publiée par MM. Jouy, Chambure, Friand et Amédée Vatry. Prix : 2 fr. 50 c. et 3 fr. franco. (Cet Ouvrage est indispensable à toutes les personnes qui ont la Collection des *Discours du Général Foy* : elle lui sert d'introduction.)

DICTIONNAIRE DE L'ANCIEN RÉGIME ET DES ABUS FÉODAUX, ou les Hommes et les Choses des neuf derniers siècles de la monarchie française : ouvrage où l'on trouve des notions alphabétiques et raisonnées sur les institutions, les usages, les traditions, les abus, les excès et les crimes de l'oligarchie féodale, avec une biographie abrégée des principaux personnages qui en furent les fondateurs et les complices ; et des détails intéressans sur les principaux événemens de notre histoire, sur les sciences et les arts, sur les mœurs, sur l'origine des principales familles nobles de France, etc. Nouv. édit. ; par M. de P***. 1 fort vol. in-8°. Prix : 7 fr. 50 c., et 9 fr. franco.

LE DIABLE PEINT PAR LUI-MÊME, ou Galerie de petits romans et de contes merveilleux sur les aventures et le caractère des démons, leurs intrigues et leurs amours, et les services qu'ils ont pu rendre aux hommes, extrait ou traduit des écrivains les plus respectables. Deuxième édition. 1 vol. in-8°., orné d'une belle figure en taille-douce et d'une jolie couverture imprimée. Prix : 6 fr., et 7 fr. 50 centimes franc de port.

MAHOMET II, ou la Prise de Constantinople. 2 vol. in-12, couverture imprimée. Seconde édition. Prix : 5 fr., et 6 fr. franco. (Le sujet de ce roman, éminemment dramatique, est peut-être un des plus intéressans que l'on connaisse. L'histoire est elle-même un roman très-animé vers cette époque, et l'auteur a su en faire une nouvelle attendrissante sans altérer la vérité.)

VOYAGES DE L'OURS DE St.-CORBINIAN; aventures du Chat de Gabrielle; histoire philosophique du Pou voyageur, ou Journal de la vie de trois animaux philosophes, avec une petite apologie, des notices et des remarques; par M. J. Saint-Albin. 1 fort vol. in-12, avec une jolie gravure en taille-douce et une couverture imprimée; seconde édition. Prix : 3 fr. 75 c. et 4 fr. 50 c., franco.

RÉALITÉ DE LA MAGIE ET DES APPARITIONS, ou contrepoison du *Dictionnaire Infernal*, ouvrage dans lequel on prouve par une multitude de faits authentiques, et par une foule d'autorités incontestables, l'existence des Sorciers, la certitude des apparitions, la foi due aux miracles, la vérité des possessions, etc., etc., précédé d'une *histoire très-précise de la Magie*. Un volume in-8°. Prix : 3 fr., et 3 fr. 50 c. franc de port.

BIOGRAPHIE UNIVERSELLE DES SOUVERAINS DE LA TERRE qui ont péri de mort violente, ou Histoire abrégée des principaux personnages du monde, depuis la plus haute antiquité jusqu'à ce jour, avec les causes et circonstances de leur mort. Nouvelle édition, augmentée de la vie et de la mort de monseigneur le duc de Berri, et de celle de Napoléon Bonaparte. 2 vol. in-12, ornés de 8 belles figures, couverture imprimée. Prix : 7 fr. 50 c., et 9 fr. par la poste.

CAMPAGNE DE 1815, ou Relation des opérations militaires qui ont eu lieu en France et en Belgique, pendant les *Cent Jours*, écrite à Sainte-Hélène par le général Gourgaud. 1 vol. in-8., orné d'une belle carte. Prix : 4 fr. 50 c., et 5 francs 50 c. franco.

(Il ne reste que quelques exemplaires de cet important ouvrage, qui retrace les derniers efforts des armées françaises pour la défense de la patrie et de son indépendance ; il sert d'introduction aux MÉMOIRES des généraux Gourgaud, Montholon et Ségur, ainsi qu'à ceux de MM. de Las-Cases, O'Meara, Antommarchi et de Norvins.)

ESQUISSE HISTORIQUE des principaux événemens de la révolution française, depuis la convocation des états-généraux jusqu'au rétablissement de la monarchie des Bourbons; par Dulaure, auteur de l'*Histoire de Paris*, 33 livraisons in-8., ornés d'une grande quantité de belles figures représentant les plus remarquables événemens de la révolution française, et gravées par les meilleurs artistes. Prix de chaque livraison, 3 fr. — et du tout, 99 fr.

— *Le même ouvrage*, tiré sur papier vélin satiné, figures avant la lettre, dont il n'y a eu que 50 exemplaires, à 6 fr. la livraison, 198 fr. (9 fr. de plus pour les recevoir franc de port. (Cet intéressant ouvrage est terminé : il se relie en 7 forts vol. in-8.)

LETTRES inédites de Voltaire, de Madame Denys et de Colini, adressées à M. Dupont, avocat au conseil général de Colmar; précédées d'un jugement philosophique et littéraire sur Voltaire, et suivies d'une épître au roi de Prusse, et de fragmens de lettres à Grim, Diderot, et autres, 1 vol. in-8. Prix : 4 fr. 50 c., et 5 fr. 40 c. franc de port par la poste. *Les mêmes*, in-12 et in-18. Prix : 3 fr. 50 c., et 4 fr. 10 c. franc de port par la poste.

(Ce supplément aux OEuvres de Voltaire est indispensable à tous ceux qui possèdent la Collection de cet Auteur : il complète toutes les Éditions parues, anciennes et nouvelles, et ne se trouve dans aucune de celles qui ont été publiées jusqu'à ce jour, parce que j'en suis le seul propriétaire.)

LAURE D'AREZZO, anecdote du seizième siècle, par Louis ***. 1 vol. in-12. Prix : 2 fr. 50 c., et 3 fr. franco.

(Charmant roman, dont il reste peu d'exemplaires.)

LA FILLE DE L'ÉMIGRÉ, Épisode de 1815, par madame Jenny L...., auteur des SÉDUCTIONS, etc., etc., 3 volumes in-12. Prix : 7 fr. 50 c., et 9 fr. franco.

(C'est un très-joli roman qui obtient le succès le plus mérité, et qui sera toujours lu avec beaucoup d'intérêt.)

MÉDECINE (PETITE) DOMESTIQUE, ou moyens simples et faciles de secourir les malades, les blessés, les asphyxiés, les empoisonnés, etc., avec la manière de soigner les femmes enceintes ou nouvellement accouchées, dans les accidens qui peuvent leur survenir; suivie d'un traité sur la vaccine, de quelques observations utiles sur les enfans nouveau-nés, sur la manière de les nourrir et sur les soins qu'on doit leur donner pour éviter les maladies et les difformités auxquelles ils sont exposés ; par M. Bésuchet, chirurgien. 1 vol. in-12. Prix : 3 fr., et 3 fr. 50 c. franc de port. (Ouvrage indispensable, surtout à la Campagne.)

VOYAGE EN CHINE, ou Journal de la dernière ambassade anglaise à Pékin, etc. ; par M. Ellis, secrétaire de l'ambassade ; et traduit de l'anglais par J. Mac-Carthy. 2 gros vol. in-8°., gravures et cartes. Prix : 15 fr., et 18 fr. franco.

— Le même *Voyage en Chine*, papier vélin, figures coloriées avec le plus grand soin. Prix : 30 fr., et 33 fr. franc de port. (Ce voyage est le complément de celui de lord Macartney.)

OEUVRES DE MIRABEAU L'AINÉ, précédées d'une notice sur sa vie et ses ouvrages; par M. Mérilhou. 9 volumes in-8°., très-beau papier satiné. Prix : 63 fr., et 75 fr. franco.

BIOGRAPHIE NOUVELLE (LA) DES CONTEMPORAINS, ou Dictionnaire historique et raisonné de tous les hommes qui, depuis la révolution française, ont acquis de la célébrité par leurs actions, leurs écrits, leur erreurs ou leurs crimes, soit en France, soit dans les pays étrangers; précédé d'un tableau chronologique des événemens remarquables depuis 1787 jusqu'à ce jour, etc.; par MM. Arnault, Jay, Jouy et Norvins. 20 vol. in-8°., ornés de portraits. Prix : 180 fr.; et sur papier vélin, 360. fr. — Il faut ajouter 10 fr. de plus pour le recevoir franc de port.

LETTRES D'UN CHARTREUX, écrites en 1755, et publiées par M. Charles Pougens, de l'Institut de France, 1 vol. in-18, orné d'une jolie figure, édition de Didot. Prix : papier fin, 1 fr. 80 c., et 2 fr. franco; et sur papier *vélin*, 3 fr., et 3 fr. 25 c. franc de port.

(Ce joli petit Ouvrage manquait depuis long-temps ; l'on en a retrouvé quelques exemplaires, oubliés par hasard, chez la brocheuse, et ce sont ces exemplaires, en très-petit nombre, que j'offre en ce moment aux Amateurs.)

ENCYCLOPÉDIE MODERNE, ou Dictionnaire abrégé des sciences, des lettres et des arts, avec l'indication des ouvrages où les divers sujets sont développés et approfondis ; par M. Courtin, ancien magistrat, et une société de gens de lettres. 24 vol. in-8., et 2 livraisons de planches, au même prix que les volumes. Prix : 9 fr. le vol. pris à Paris, et 10 fr. 75 c. franc de port par la poste. — (9 vol. sont en vente ; les suivans paraîtront de 3 en 3 mois, jusqu'à l'achèvement de l'ouvrage.)

COLLECTION DES AUTEURS CLASSIQUES LATINS;

par N. E. Lemaire, Professeur de poésie latine à la faculté des lettres de l'académie de Paris. Cette collection contiendra les 34 auteurs indiqués dans le Prospectus, et aura environ 85 à 90 vol. in-8., grand papier, imprimés par Didot et autres célèbres Typographes. Il paraît en ce moment 83 vol. Le prix de chaque volume est ordinairement de 10, 12 et 15 fr., quelques-uns moins, mais pas plus. Les 83 vol. parus coûtent 1090 fr. (L'on donne le Prospectus gratis, et les renseignemens nécessaires aux personnes qui désirent acquérir cette grande et magnifique Collection, dédiée au roi, et destinée, par ses ordres, aux études des Enfans de France.)

DESCRIPTION DE L'ÉGYPTE, ou Recueil des observations et des recherches qui ont été faites en Égypte pendant l'expédition de l'armée française. Seconde édition, publiée en 25 vol. in-8, et 960 gravures magnifiques, in-folio grand. Égypte, etc. Cet important Ouvrage paraît par livraisons, composées de cinq gravures, dont le prix est de 10 fr. Les volumes de texte coûtent 7 fr. chaque. La totalité de l'ouvrage sera d'environ 2275 fr. Il paraît déjà 177 livraisons de gravures et 15 volumes de texte. (On donnera le prospectus gratis et les renseignemens nécessaires aux Amateurs qui ne connaissent pas ce magnifique ouvrage; c'est le plus beau et le mieux exécuté qui ait paru jusqu'à ce jour : il ne laisse rien à désirer à l'amateur leplus difficile.)

VOYAGE PITTORESQUE ET HISTORIQUE DE L'ESPAGNE, par le comte Alexandre de Laborde, membre de l'Institut et de la chambre des députés, publié en 91 livraisons, grand in-folio, contenant 274 planches et 4 vol. de texte, même format, imprimés par P. Didot, avec les caractères de Bodoni. Prix de chaque livraison : 12 fr. Il en paraît 80 livraisons, et le tout sera publié en 1826. (C'est un livre magnifique : il est supérieurement exécuté; chaque gravure mérite d'être encadrée, tant elles sont intéressantes et bien finies.)

FASTES CIVILS DE LA FRANCE (LES), depuis l'ouverture de l'Assemblée des Notables jusqu'à la Restauration; publiés par MM. Dupont (de l'Eure), Etienne, Manuel, membres de la chambre des députés; A.-V. Arnault, J-P Pagès, P.-F. Tissot, hommes de lettres, et Alexandre Goujon, ancien officier d'artillerie. 10 vol. in-8., de 25 à 30 feuilles; sur papier fin satiné. Prix : 6 fr. le vol., et 7 fr. 50 c. franc de port.

(Il ne paraît encore que 3 vol. : ils ont ensemble 97 feuilles d'impression; la suite est retardée par la mort de M. Goujon, le rédacteur en chef; mais l'entreprise sera continuée sous peu de temps, d'après l'assurance que nous en donne, dans son Catalogue, le nouvel éditeur, M. Ladvocat.)

TABLEAUX, STATUES, BAS-RELIEFS ET CAMÉES de la galerie de Florence et du palais Pitti, dessinés par Wicar, peintre, et gravés sous la direction de Masquelier, de l'académie de Rome; avec les explications, par Mongez, de l'académie des sciences. 50 livraisons in-folio, formant quatre gros volumes.

(Magnifique Ouvrage, l'un des plus beaux qui aient été exécutés jusqu'alors, et dont il ne reste que quelques exemplaires.) Prix : 1200 fr. brochés, et 1250 fr. reliés, maroquin à la Bradel. 20 fr. de plus pour le recevoir franco.

LES CONTES NOIRS, ou les Frayeurs populaires, nouvelles, contes, aventures merveilleuses, etc.; par M. J. Saint-Albin. 2 vol. in-12, fig Prix : 5 fr., et 6 fr. franco.

(Il reste peu d'exemplaires de ce singulier et intéressant Ouvrage, qui a obtenu le plus grand succès.)

DICTIONNAIRE CRITIQUE ET RAISONNÉ DES ÉTIQUETTES DE LA COUR DE FRANCE, des usages du monde, des amusemens, des modes, des mœurs, etc., des Français, depuis la mort de Louis XIII jusqu'à nos jours, contenant le tableau de la cour, de la société et de la littérature du dix-huitième siècle, ou l'Esprit des étiquettes et des usages anciens comparés aux modernes, par madame de Genlis, 2 gros vol. in-8°. Prix : 12 fr., et 15 fr. franco.

(Ces 2 vol. doivent être placés en tête des NOUVEAUX MÉMOIRES de madame de Genlis : ils en sont en quelque sorte *l'introduction*. Il ne faut pas confondre cet Ouvrage important avec un *faible extrait* que vient d'en publier son Auteur dans ses *Mémoires*, à la fin du tome 10; c'est plutôt un *supplément* à notre *Dictionnaire des Étiquettes*, que son extrait.)

LA FRANCE SOUS SES ROIS, ou Essai historique sur les causes qui ont préparé et consommé la chute des trois premières dynasties de la monarchie française; par Dampmartin. 5 forts vol. in-8°. Prix : 30 fr., et 35 fr. franco.

(Il reste très-peu d'exemplaires de cet important Ouvrage, l'un des plus curieux, par ses Critiques surtout, qui aient paru sur l'histoire de France.)

CATALOGUE DES MÉDAILLES ROMAINES, avec leur valeur; etc., etc., publié par Rollin, vol. in-8. (Peu d'exemplaires.) — Prix : 3 fr. et 3 fr. 50 c. franco.

HISTOIRE DE LA RÉVOLUTION DE L'AMÉRIQUE

ESPAGNOLE, ou Récit de l'origine et de l'état actuel de la guerre entre l'Espagne et l'Amérique espagnole; traduit de l'anglais. Seconde édition, revue, corrigée et augmentée du Précis des événemens survenus en Amérique depuis la fin de 1719 jusqu'à ce jour; de la Constitution des provinces-unies de l'Amérique du Sud; de l'acte *Constitutionnel de la Confédération mexicaine;* de la *Proclamation du Congrès Constituant au Peuple*, et de notices biographiques sur les principaux chefs des Indépendans; 1 fort vol. in-8°. Prix : 6 fr., et 7 fr. 50 c. franc de port par la poste.

HISTORIQUE (PRÉCIS) DES ÉVÉNEMENS POLITIQUES ET MILITAIRES QUI ONT AMENÉ LA RÉVOLUTION D'ESPAGNE, par M. Jullian. 1 fort vol. in-8°. Prix : 6 fr., et 7 fr. 25 c. franc de port par la poste.

(Cet Ouvrage est le complément de l'Article ci-dessus, qui l'a précédé, et dont il ne reste plus que quelques exemplaires. Si l'on y joint les MÉMOIRES SUR FERDINAND VII, qui viennent d'être publiés, l'on aura tout ce qui a paru de plus intéressant et de plus curieux sur l'Espagne et ces Colonies. (*Voyez* page 4 de ce Catalogue.)

LIBRES MÉDITATIONS D'UN SOLITAIRE INCONNU, sur le détachement du monde, et sur d'autres objets de la morale religieuse; publiées par M. de Sénancourt, auteur de plusieurs Ouvrages Philosophiques et l'un des Collaborateurs du *Constitutionnel*. 1 fort vol. in-8°. Belle édition. Prix : 6 fr., et 7 fr. 50 c. franc de port. (Il ne reste plus que quelques exemplaires de cet intéressant Ouvrage, quoiqu'il n'ait point été annoncé dans les journaux.)

MACÉDOINE (LA) LIBÉRALE, ou faits, événemens, récits, anecdotes, saillies, naïvetés, maximes, contes, fables, épigrammes, chansons, etc., etc., extraits de journaux, écrits, brochures, ouvrages imprimés et inédits, publiés depuis douze ans. Un très-joli vol. in-12, orné de deux belles gravures. Prix : 3 fr. 75 c., et 4 fr. 50 c. franco.

(C'est un des recueils les plus variés et les plus amusans qui existent. L'Auteur y a réuni des Anecdotes fort piquantes et qui intéresseront dans tous les temps.)

MÉMOIRES SUR LA VIE PRIVÉE DE MARIE-ANTOINETTE D'AUTRICHE, REINE DE FRANCE, par madame Campan, lectrice de Mesdames filles de Louis XV, et femme de chambre de la reine; depuis directrice de la maison royale d'Éducation d'Écouen. Cet Ouvrage, augmenté de souvenirs, de portraits, d'anecdotes, est sans contredit le livre le plus piquant et le plus curieux qu'on ait écrit sur l'intérieur de la Cour pendant la fin du dernier siècle. Dernière édition en 4 vol. in-12, tirés sur beau papier, et ornés de figures et du portrait de madame Campan. Prix : 12 fr., et 15 fr. franc de port.

NAUFRAGE DU BRICK FRANÇAIS LA SOPHIE, perdu sur la côte occidentale d'Afrique, et captivité d'une partie des naufragés dans le désert de Sahara, avec de nouveaux renseignemens sur la ville de Timectou; Ouvrage orné d'une carte, par M. Lapie, et de onze planches dessinées par H. Vernet, et autres artistes distingués; par M. Charles Cochelet, ancien payeur de l'armée de Catalogne, et l'un des naufragés. Paris, 1821. 2 forts vol. in-8°. Prix : 15 fr., et 17 fr. 50 c. franc de port; et 1 fr. de plus, sur papier satiné.

PETIT ALMANACH LÉGISLATIF, ou la Vérité en riant sur nos députés; 3e. édition, revue et augmentée de notes, d'un *post-scriptnm*, de la Lettre d'un électeur à M. de Chabrol, etc. 1 vol in-12. Prix : 3 fr., et 3 fr. 50 c. franco.

(C'est la Biographie la plus piquante de toutes celles qui ont paru sur nos Députés. Malgré que les journaux n'aient pu l'annoncer, il ne reste plus que très-peu d'exemplaires de la 3e. édition de cet intéressant Ouvrage, qui sera toujours lu avec un nouvel intérêt.)

QUATRE (LES) AGES ; seconde édition, suivie de la Complainte au Zéphyre, ou le portrait d'une jeune Fille par un Papillon; par Ch. Pougens, membre de l'académie française. 1 vol. in-18, papier vélin, imprimerie de P. Didot. Prix : 3 fr. 50 c., et 3 fr. 75 c. franco.

TABLEAU HISTORIQUE DES DÉCOUVERTES et établissemens des Européens dans le nord et dans l'ouest de de l'Afrique, jusqu'au commencement du dix-neuvième siècle; augmenté du Voyage de Horneman dans le Fezzan, et de tous les renseignemens qui sont parvenus depuis à la société d'Afrique sur les empires de Bornou, du Cashna et du Monou; Ouvrage publié par la société d'Afrique, et traduit de l'anglais par Cuny. 2 forts vol. in-8°., papier fin. Prix : 10 fr., et 13 fr. par la poste.

(Il reste très-peu d'exemplaires de ce bon Voyage, qui tient lieu de presque tous ceux qui ont été écrits sur l'Afrique)

THÉATRE DE VILLE ET DE SOCIÉTÉ, précédé de Contes moraux; par M. Vernes de Luze, auteur de *Mathilde au Mont - Carmel*, d'*Adelaïde de Clarence*, des *Voyages sentimentals à Iverdun, en France et aux Alpes*, etc., etc. 2 forts vol. in-8°. Prix : 10 fr., et 12 fr. 50 c. franc de port. (Très-peu d'exemplaires.)

VIE (LA) D'ÉROSTRATE, découverte par Alexandre Verri, auteur des *Nuits romaines* et des *Aventures de Sapho;* traduite de l'Italien, par A. C. 1 vol. in-12, orné d'une très-jolie gravure. Prix : 2 fr. 50 c., et 3 fr. franco.

(Cet Ouvrage est un des plus intéressans et des mieux écrits qui aient paru en ce genre ; il a l'intérêt du meilleur roman basé sur les faits Historiques les plus Curieux.)

VOYAGE CRITIQUE A L'ETNA, en 1819; par J.-A de Gourbillon. 2 forts vol. in-8°., ornés de gravures et de cartes parfaitement exécutées. Prix : 13 fr., et 16 fr. franco.

(Cet ouvrage offre les détails les plus intéressans sur l'Etna, Naples, la Sicile et les principales villes d'Italie. Il en reste encore quelques exemplaires : l'édition tire à sa fin.)

ABEL, ou les Trois Frères; par Ch. Pougens, de l'académie des inscriptions et belles-lettres. 1 vol. in-12, papier fin. Prix : 3 fr, et 3 fr. 50 c. franc de port. — Sur papier vélin, 5 fr., et 5 fr. 50 c. par la poste.

(Ouvrage du plus grand intérêt, présenté sous la forme du roman, et dont l'auteur assure qu'il n'y a pas une seule des circonstances rapportées qui ne soit vraie)

AMOUR (DE L'); par l'auteur de l'*Histoire de la Peinture en Italie*, et des *Vies de Haydn*, *Mozart*, *Métastase*, etc., etc., 2 forts vol. in-12, belle édition. Prix : 5 fr., et 6 fr. 40 c. franc de port par la poste.

(Cet Ouvrage singulier est rempli d'Anecdotes piquantes et pleines d'intérêt; il a été avantageusement analysé par le *Courrier*, le *Constitutionnel* et autres journaux.)

CONTES de P. Ph. Gudin, précédés de recherches littéraires sur l'origine des contes. 2 vol. in-8°. Le premier contient des recherches savantes et curieuses sur l'origine des Contes; le second contient des Contes en vers, dans le genre de ceux de La Fontaine, Grécourt et Vasselier. Le prix des deux vol. est de 10 fr., et de 12 fr. 50 c. franc de port.

(Il ne reste plus que très-peu d'exemplaires de cet Ouvrage, quoiqu'il n'ait jamais pu être annoncé. L'auteur, ancien Secrétaire de Beaumarchais, est mort il y a quelques années.)

* DICTIONNAIRE FRANÇAIS-ITALIEN ET ITALIEN-FRANÇAIS, composé sur la dernière édition du Dictionnaire de l'académie *della Crusca*, sur celui d'Alberti, etc. ; sur les meilleurs dictionnaires français, de l'Académie, de Wailly, Boiste, etc., par Barberi, auteur de la *Grammaire des Grammaires*, etc., etc. Deux forts vol. in-16 carré, de près de 1200 pages. Prix : 10 fr., et 12 fr. franco.

ELLEN DE PERCY, ou Leçons de l'Adversité, roman moral traduit de l'anglais sur la troisième édition, par mademoiselle de M.... 3 forts vol. in-12, de près de 800 pages. Paris, 1822. Prix : 6 fr., et 7 fr. 50 c. franco.

(Cet intéressant Ouvrage est plutôt un joli *Cours d'Éducation* qu'un roman ; il peut être donné sans crainte aux jeunes personnes : il sera lu avec intérêt par tout le monde.)

FABLES POLITIQUES de M. le baron de Stassart, membre des académies de Lyon, Marseille, etc.; 4e. édition, imprimée par Didot. 1 vol. in-18, fig. Prix : 2 fr. 50 c., et 3 fr. par la poste.

Les mêmes, 1 vol. in-12, fig. Prix : 3 fr., et 3 fr. 50. franco.

FABLES de La Fontaine, traduites en anglais par Thompson, avec une notice sur sa vie et son portrait. 4 vol. in-8°., ornés de 16 belles figures. Prix : 12 fr., et 15 fr. franco.

(Ouvrage indispensable aux Français qui veulent étudier la langue anglaise avec fruit, et aux Anglais qui veulent connaître le meilleur de nos poëtes.)

FAUSSES (LES) APPARENCES, ou le Père inconnu, traduit de l'anglais par madame Élisabeth de Bon, traducteur de *la Dame du lac*, du *Devoir*, etc. (Ouvrage des plus intéressans, et qui a le plus contribué à la gloire littéraire de son auteur.) 2 vol. in-12. Prix : 5 fr., et 6 fr. franc de port par la poste. (Il reste peu d'exemplaires.)

LETTRES inédites de Henri IV à madame de Grammont, à Jean d'Harambure, à Henri III, à Jean de Foucauld, à Joachim de Saint-Georges, seigneur de Nérac, à Élisabeth d'Angleterre, etc., avec des lettres de Catherine de France, sœur de Henri IV, et autres personnages distingués. 1 fort vol. in-12. Prix : 3 fr., et 3 fr. 75 c. franc de port.

(Ce recueil des Lettres du meilleur de nos Rois et de plusieurs grands Personnages de son temps sera toujours lu avec intérêt : le souvenir du bon Henri IV ne cessera d'être cher aux Français.)

MAHOMET II, tragédie en cinq actes, par Baour-Lormian ; in-8°. 2 fr., et 2 fr. 25 c. franco. (Il ne reste que très-peu d'exemplaires de cette belle Tragédie.)

MANUEL DES FRANÇAIS SOUS LE RÉGIME DE LA CHARTE, par Alexandre Goujon ; seconde édition, augmentée de toutes les lois proclamées dans la session de 1819 ; vol in-8°. Prix : 3 fr., et 3 fr. 50 c. franco.

(Cet Ouvrage est indispensable à tous les Fonctionnaires publics, à tout Français qui s'occupe de la conservation de ses droits politiques et qui veut remplir ses devoirs.)

MÉNANDRE ET GLYCÈRE, ou la Bouquetière d'Athènes,

très-joli roman, traduit de l'allemand de Wiéland, par J. G. 1 vol. in-12. Prix : 2 fr., et 2 fr. 50 c. par la poste.
(C'est un des plus jolis romans de Wiéland, auteur d'Aristippe. Voyez *Aristippe* dans cette page.)

VOYAGE A TRIPOLI, ou Relation d'un séjour de dix années en Afrique, contenant des renseignemens et des anecdotes authentiques sur le pacha régnant, sur sa famille, sur la Cour de Tripoli, ainsi que des observations sur les mœurs privées des Maures, des Arabes et des Turcs; traduit de l'anglais par J. Mac-Carthy. 2 forts v. in-8°., avec de belles cartes et fig. Prix : 15 fr., et 18 fr. par la poste. (Cet Ouvrage des plus curieux, et dont il ne reste plus que très-peu d'exemplaires, est le seul qui donne des renseignemens certains et précieux sur le gouvernement, les mœurs et les usages de ces peuples.)

VOYAGE DU PRINCE PERSAN MIRZA ABOUL TALEB KAN, en Asie, en Afrique et en Europe, écrit par lui-même, et publié par Charles Malo; deuxième édition. 1 fort vol. in-8°. Prix : 6 fr., et 7 fr. 50 c. par la poste. (Ce Voyage est très-intéressant pour les Français : tout le monde sait que ce Prince était à Paris il y a peu d'années.)

VRAIE IDÉE DU SAINT SIÉGE, en deux parties, par l'abbé dom Pierre Tamburini de Brescia, professeur de l'université I. et R. de Pavie, chevalier de la couronne de fer; traduit de l'italien sur l'édition publiée à Milan en 1818. 1 fort vol. in-8°. Prix : 6 fr., et 7 fr. 50 c. par la poste.

(Cet Ouvrage est du plus haut intérêt; il est écrit avec force, rempli d'érudition et contient des recherches et citations aussi curieuses que savantes. Les discussions actuelles sur les prétentions de la Cour de Rome le mettent à l'ordre du jour.)

ARISTIPPE, et quelques-uns de ses Contemporains, par Wiéland, traduit de l'allemand par Lamarre, 7 vol. in-12, orné de cinq portraits. Prix : 15 fr., et 18 fr. franc de port. (Il ne reste plus que très-peu d'exemplaires de cet Ouvrage, qui est un des meilleurs que Wiéland ait publiés.)

CHRONIQUE (LA) DES CHAMPS DE BATAILLE, ou la bravoure française en action, recueil d'actes héroïques des soldats français, à l'usage et pour l'exemple de leurs successeurs, etc., etc.; par M. de P. 1 fort vol. in-12. Prix : 3 fr., et 3 fr. 50 c. cent. franco.

(*Les Victoires et Conquêtes* ont raconté les exploits des officiers Français; ce petit Ouvrage est particulièrement destiné à transmettre à la postérité les Belles Actions et les Hauts Faits d'armes de nos Braves, pris dans tous les grades : il doit intéresser tous les vrais Amis de la gloire Nationale.)

ÉTAT ACTUEL DE L'INDUSTRIE FRANÇAISE, ou Coup d'œil sur l'Exposition des Produits de nos Arts et Manufactures en 1819, par M. E. Jouy, membre de l'Institut, auteur des HERMITES en prison, en liberté, etc., etc. 1 vol. in-8. Paris, 1822. Prix : 4 fr., et 4 fr. 50 c. franco.

(Cet intéressant Ouvrage ne se trouvera pas dans la Collection des Œuvres de l'Auteur : cependant il est bien digne d'en faire partie, et c'est rendre service à ses nombreux lecteurs que de le leur indiquer ici pour compléter leur Collection. Il en reste très-peu d'exemplaires.)

THÉODORA, femme de Justinien, roman historique dans le genre du *Bélisaire* de Marmontel; par M. le marquis de Vaquier-Limon, major de cavalerie, chevalier de Saint-Louis, auteur du roman d'*Augusta* et autres ouvrages intéressans; trois parties en deux vol. in-12. Prix : 5 fr., et 6 fr. par la poste.

(Il ne reste plus que très-peu d'exemplaires de cet intéressant roman, qui sera toujours lu avec plaisir.)

MÉMOIRES HISTORIQUES ET POLITIQUES DE M. LE CHEVALIER DE FONVIELLE, de Toulouse, secrétaire de l'académie des Ignorans. 4 forts vol. in-8°. de plus de 500 pages chacun. Prix : 30 fr., et 36 fr. franco.

(Ces Mémoires obtiennent beaucoup de célébrité par diverses attaques faites à l'Auteur, et la chaleur qu'il a mise à défendre ses assertions : on ne peut se dispenser de les placer à la suite de la *Collection des Mémoires sur la révolution française*, dont ils retracent des événemens importans.)

LA DESTINÉE D'UNE JOLIE FEMME, poëme érotique en VI chants, par J.-B. de M***. Vol. in-12, orné d'une très-belle figure. Prix : 2 fr., et 2 fr. 45 c. franc de port par la poste.

ALBUM DE RAPHAEL, ou choix de douze fresques du Vatican, connues sous le nom de Loges de Raphaël, lithographiées par nos premiers Artistes. Prix, cartonné à l'italienne, un vol. in-fol. oblong, papier Jésus vélin, 24 fr. — Épreuves sur papier de Chine, 30 fr., et 5 fr. de plus, pour chaque exemplaire, pour le recevoir broché, franc de port par la poste.

(Ce beau Recueil est ce qu'on peut offrir de mieux en étrennes à la jeunesse des deux sexes. Les sujets qui le composent sont des tableaux de la Bible, qui, dessinés par d'habiles artistes, d'après les magnifiques compositions de Raphaël, ne peuvent qu'être utiles et agréables aux jeunes gens et à toutes les personnes qui aiment les arts.)

VUES DES COTES DE FRANCE DANS L'OCÉAN ET DANS LA MÉDITERRANÉE, peintes et gravées par M. L. Garneray, décrites par M. E. Jouy. Cet ouvrage paraît par livraison, composée de 4 grav., d'un texte in-folio. Prix : 12 fr. la livraison. (Il y aura 21 livraisons; il en paraît 6 en ce moment : elles sont d'une très-belle exécution.)

WALPOLE (Réminiscence d'Horace), ou Anecdotes secrètes et curieuses de ce qui s'est passé à la cour d'Angleterre depuis les temps anciens jusqu'à ce jour. 1 joli vol. in-12, orné de vignettes et portrait. Prix : 4 francs 50 c., et 5 fr. 50 c. franco. — Et figures sur papier de Chine, 6 fr. et 6 fr. 50 c. franc de port.

BIOGRAPHIE ANCIENNE ET MODERNE, ou Nouveau Dictionnaire historique des personnages qui se sont illustrés par leurs vertus, leurs forfaits, leurs actions, leurs écrits, leurs opinions, leurs aventures, etc., etc., depuis le commencement du monde jusqu'à nos jours; par Boquillon. 3 vol. in-12, réunis en un fort volume de près de mille pages. Prix : 7 fr. 50 c. et 9 fr franco.

PRÉCIS HISTORIQUE SUR L'ANCIENNE GAULE, ou Recherches sur l'état des Gaules avant les conquêtes de César, par Théophile Berlier, ancien conseiller d'état de France. 1 vol. in-8. imprimé à Bruxelles en 1821. Prix : 4 fr. et 5 fr. franco. (Cet intéressant ouvrage sert d'introduction à la *guerre des Gaules* ou *Commentaires de César*, traduits par le même auteur. Ce dernier ouvrage se vend aussi à la même adresse : 1 vol. in-8. Paris, 1825. Prix avec la carte, 7 fr. et 8 fr. 50 c. franc de port. Il ne reste que très-peu d'exemplaires de l'un et de l'autre ouvrage.)

CHOIX de Rapports, Opinions et Discours prononcés à la tribune nationale de France, depuis 1789 jusqu'à ce jour; recueillis dans un ordre chronologique historique 20 forts volumes in-8. Prix 120 fr. et 130 fr. franc de port.

(C'est le plus beau recueil d'éloquence qui existe sur la législation et la diplomatie; il ne reste plus que très-peu d'exemplaires de ce précieux monument de nos modernes orateurs.

DICTIONNAIRE GÉOGRAPHIQUE DE LA FRANCE, contenant tous les détails les plus exacts sur son étendue, sa population, ses productions, ses richesses, ses monumens, son commerce, son industrie, etc., etc., etc. 5 vol. énormes in-4. Prix : 60 fr., et 70 fr. franc de port et d'emballage. — Le même ouvrage, sur papier vélin, 100 fr. et 110 franco.

(Il ne reste plus que très-peu d'exemplaires de ce bel et intéressant Ouvrage.)

OEUVRES COMPLETES DE MADAME CAMPAN, contenant ses *Mémoires* sur Marie-Antoinette, reine de France; son *Traité d'Education*; ses *Lettres à deux Jeunes amies*, etc., 5 vol. in-8, ornés de portraits et gravures; nouvelle et très-belle édition Prix : 30 fr. et 37 fr. franco.

MÉMOIRES ET CORRESPONDANCE DU MARÉCHAL DE CATINAT, mis en ordre et publiés d'après les manuscrits autographes inédits. 3 forts vol. in-8., ornés de portrait, cartes et plans, et de très-jolies gravures. Prix : 21 fr., et 26 fr franc de port. (Il ne reste plus que quelques exemplaires de ce bel Ouvrage.)

OEUVRES COMPLETES DE VOLTAIRE, nouv. édition terminée, Paris, 1819-1823, en 66 vol. in-8. Prix : 330 fr.

Les mêmes, avec 160 grav. satinées. 506 fr.

Les mêmes, grand papier vélin d'Annonay, satiné. 800 fr.

Les mêmes, avec gravures *avant la lettre*. 1000 fr.

(Il faut ajouter 15 fr pour recevoir chaque exemplaire franc de port et d'emballage.)

OEUVRES COMPLETES DE VOLTAIRE, édition de Déterville et Lefèvre, 43 vol. in-8, y compris la table et les *Lettres Inédites*, 1 seul exemplaire où se trouvent ces lettres, pap. vélin fin, brochés. Prix : 486 fr. et 500 fr. franco.

OEUVRES COMPLETES DE VOLTAIRE, édition de Désoer, 24 vol. in-8., brochés. 144 fr. et 155 fr. franco.

Les mêmes, papier vélin, 288 fr. et 300 fr. franco.

OEUVRES CHOISIES DE VOLTAIRE, en 15 vol. in-12. Prix : 35 fr. et 40 fr. franc de port.

DICTIONNAIRE DES SCIENCES MÉDICALES, publié par Pankoucke, en 60 gros volumes in-8. Prix : 360 fr. Et 375 fr. franco. (Ce grand Ouvrage est épuisé; il devient rare dans le commerce, et cependant on le donne encore au prix de la Soucription. Il n'en reste que peu d'exemplaires.)

N. B. — P. MONGIE, *libraire, se charge de toutes les Commissions en Librairie, Estampes, Musique et Géographie : il tient un dépôt de toutes les Nouveautés du jour, et reçoit les Souscriptions à tous les Ouvrages et Journaux. — Il faut affranchir les lettres et envoyer des Fonds avec les Demandes, si l'on n'est pas déjà en relation avec sa Maison.*

IMPRIMERIE DE FAIN, RUE RACINE, N°. 4.

www.ingramcontent.com/pod-product-compliance
Lightning Source LLC
LaVergne TN
LVHW020553230826
846091LV00002B/475

* 9 7 8 2 3 2 9 3 5 1 3 0 8 *